アジア・ファースト

新・アメリカの軍事戦略

エルブリッジ・A・コルビー

文春新書

1468

序　新進気鋭の戦略家が提案する「中国と対峙する新戦略」

奥山真司

今、世界各地で安全保障上の脅威が高まっている。ロシア・ウクライナ戦争、イスラエルとハマスの戦争がその代表的なものだが、イランが支援するイエメンのテロ組織「フーシ派」やレバノンの「ヒズボラ」も、いつイスラエルと全面戦争を始めてもおかしくない状況だ。

だが、日本に最も関係があり、しかも21世紀の国際政治の運命を決することになりそうなのが、中国の動向である。習近平国家主席は台湾統一を「歴史的必然」であると明言し、軍事侵攻への準備を着々と進めている。南シナ海においては人工島を建設し、フィリピンなど周辺諸国の公船に対し放水銃などを用いた妨害行為をおこなうなど、武力行使一歩手前の行動を繰り広げている。さらには東シナ海の尖閣諸島周辺海域において日本側への圧力を強めているばかりか、沖縄に対する野心も隠そうとしていない。

中国の公表国防予算は1990年代からほぼ毎年二桁の伸び率を続け、深刻な経済危機にあると言われている現在もなお軍拡は続いている。一方のアメリカは2000年代にイラクやアフガニスタンの泥沼に足を取られて消耗し、社会の分断など内向きの対応に追われている。2022年2月からはロシア・ウクライナ戦争にも肩入れして巨額の資金と武器を援助し続けているが、出口は見えない。そうこうしているうちに、アメリカの退潮は誰の目にも明らかになり、対照的に中国はますますアジアにおける勢力を伸長し、世界の覇権をうかがおうという姿勢を露骨に示している。

中国的価値観をよしとしない陣営の国々――アメリカだけでなく、当然日本もその中に含まれるのだが――は、勢いに乗る中国にどう立ち向かえばよいのだろうか？

現代のジョージ・ケナン

今、アメリカで最も注目されている戦略家のひとりに、エルブリッジ・コルビーという人物がいる。2002年にハーバード大学を卒業後、米国防総省（ペンタゴン）などで国防関連の政策立案に従事。そして2017年、弱冠30代後半ながらトランプ政権下で国防次官補代理をつとめ、「国防戦略」（ＮＤＳ）をまとめる過程で主導的役割をはたした。ＮＤＳは、まず何よりもアメリカの利益に対する中国の挑戦への対応に力点を置くよう促《うなが》すもので、イラクやアフガニスタンから中国へ舵を切る大方針を示した。

冷戦時代に活躍したアメリカの政治学者ジョージ・ケナンは40歳そこそこの若手ながら「ソ連封じ込め」戦略を提案したが、コルビー氏も30代後半で「中国封じ込め」の戦略を描いたことで、一躍脚光を浴びる存在となった。一部には「ケナンの再来」となぞらえる向きもある。

現在、コルビー氏は自身が主宰するシンクタンク「マラソン・イニシアチブ」の代表を務めつつ、主に対中戦略の分野でメディアに積極的に出て自身の戦略を提唱しているが、もし共和党政権が誕生すれば政権入りすることが確実視されている。

そのコルビー氏が、アメリカおよび日本を含めた同盟国の新たな対中戦略として提案するのが、「拒否戦略」（Strategy of Denial）というものである。２０２１年にアメリカで出版された『The Strategy of Denial: American Defense in an Age of

Great Power Conflict』は日米の安全保障関係者たちの間ではとりわけ大きな話題となっている（日本でも『拒否戦略：中国覇権阻止への米国の防衛戦略』〈日本経済新聞出版〉というタイトルで刊行）。

コルビー氏の分析の最大の特徴は、「もうアメリカ一極時代は終わり、その国力の優位は減少しつつある」という厳しい情勢認識が通奏低音のように流れている点だ。ただ、それは単なる悲観主義ではない。

本書の中でも繰り返し述べているように、コルビー氏は自身を「リアリスト」（現実主義者）であると規定している。思い込みや楽観を排し、アメリカと中国の国力を極力正確に捉えたうえで、「アメリカの世界戦略はどうあるべきなのか」という問題に正面から向き合おうというのが基本姿勢である。そのうえで、最大の危険はアジアの「パワーの集積地」において中国が覇権を握ろうとしていることにあると指摘している。

基本のキからわかる「拒否戦略」

では、中国に覇権を握らせないためには、どうすればよいのか。本書の前半で説明されるが、アメリカはあらためて戦略的な優先順位を意識し、欧州や中東にリソースを浪費することなく、最大のライバルである中国の拡大を抑止することに集中せよというのがコルビー氏の戦略の骨子である。そのために必須となってくるのが「拒否戦略」である。

コルビー氏によれば、この戦略の要諦《ようてい》は「中国によるアジアでの地域覇権」を拒否することにある。より具体的にいえば、中国政府の覇権拡大の野望を完全に封じ込めるために、アメリカとそのアジアの同盟国たちは積極的に軍備を拡大し、その結果として中国側の意図をくじくことに集中すべきだということになる。

アジアは経済成長率（パワー）の集積地である。中国は、台湾をはじめとしたこの地域での覇権を握ることによって、世界秩序の変更を試みようとしている。

しかしながら、直接的な軍事侵攻や占領を実行できなければ、最終的な中国の地域覇権達成にはつながらない。したがって、この地域における中国政府の軍事侵攻を拒否することができれば、現在のアメリカの東アジア、そして世界における優位は維持される。結果として、日本をはじめとする西側諸国の権益は、中国に奪われずに済む。これこそが今後のアメリカの対中戦略における最大の任務であるというのだ。

本書はコルビー氏みずからが拒否戦略を一般読者向けにわかりやすく説明し、その背後にあるロジックや論証などをブリーフィングしたものだ。著書『拒否戦略』の内容をさらにアップデートしてわかりやすくまとめたものという位置づけになっており、アメリカを代表する現役の戦略家の頭の中身を知るには恰好の資料である。

コルビー氏はただ結論を示すだけでなく、なぜそのような考えに至ったのか、思考の過程をやさしく丁寧に説明している。リベラルな非戦論が溢れる中、これほどまでに軍事の重要性を直視した戦略論を怯《ひる》むことなく堂々と展開しているのは新鮮に映るほどだ。

先にも述べたように、共和党政権になればコルビー氏が政権入りし、「拒否戦略」が実行されたり大きな影響を与えることはほぼ確実である。当然、それは日本に決定的な影響を及ぼすだろう。本書で説明されている内容は、日本政府の安全保障関係者たちには無視できないものである。

おそらくコルビー氏は戦略論の世界において、バーナード・ブローディやジョージ・ケナン、アンドリュー・クレピネヴィッチ、アンドリュー・マーシャルやロバート・ワークのような人々とともに、歴史に名を残すことになる人物であると個人的には考えている。

本書が、日本の一般読者の方々に「リアリズムに即した戦略とは何か？」を理解するきっかけを与え、政府関係者をはじめとする人々に今後起こりうる台湾有事などを深く考えるためのヒントを与えられれば、インタビュアーおよび訳者として参加させていただいた私の個人的な任務は達成されたと言えるのかもしれない。

アジア・ファースト　新・アメリカの軍事戦略◎目次

中国は日本を圏内に取り込みたい／核の傘はどこまで及ぶのか／積極的な先制攻撃は必要か？／日本は主体的な防衛力を持て／セキュリティ・クリアランスの導入を急げ／サイバー・セキュリティの甘さ／国防産業も多国籍化すべき／同盟全体での再工業化をはかる／拒否戦略に対する批判への反論／防衛費2％は焼け石に水

第1章

「拒否戦略」とは何か?

パワーとは何か？

私が提唱した、今後、中国に対してとるべき最適な戦略、それは「拒否戦略」(Strategy of Denial) というものです。

「拒否戦略」とは、ひとことで言うと「中国の覇権を拒否する」ということです。ではその拒否戦略とは何か。

後に詳しく述べますが、中国がアジアで覇権を確立する際には一帯一路などの経済的覇権だけでは不十分であり、必ず軍事的な侵攻と占領を仕掛けてくるはずです。その先駆けが南シナ海での基地建設であり、今後、最も危険性が高いのが台湾侵攻でしょう。それに対して、中国の侵略を「拒否」する、侵攻を不可能にするための圧倒的な能力を備え、それによって地域のバランスを安定させることを目指す必要があります。

私は戦略家と呼ばれる人間の一人ですが、現在、とても心配しているのは、最大のライバルとして台頭しつつある中国という大国の脅威に、アメリカ自身が真剣に向き合っていないという点です。最大のライバルであることはみな認めているにもかかわらず、どれくらい中国の国力、つまりパワーが強大なのか、その認識はそれぞれ異なります。

まずは「パワーとは何か？」という原点から考えてみましょう。代表的なパワーとはマクロ的にみた経済的な生産性のことを指します。それは軍事力に転換可能なものです。つまり、**経済力がパワーの根源であり、さらに、そこから軍事力が生まれます。**

いわゆる「ソフトパワー（文化や価値観などによって他者に影響を与える力）」や「規範的なパワー」など、文化やイメージ（権威など）の与える影響力、ブランド力といったものを重視する向きもありますが、安全保障という観点からみて、私はそれらには重きを置いていません。なぜなら、それらは経済力から派生した二次的なものである傾向が強いからです。**アメリカや中国のソフトパワーと呼ばれるものは、究極的に言えば、両国の経済的な生産力が強いからこそ生み出されたもの**です。世界の国々がアメリカや中国の文化を尊敬しているからこの両国が強いわけではなく、この両国の生み出す経済的パワーによって世界が動かされている、ということなのです。

もちろん、**最も効果的な影響力は軍事力です。人々は基本的にソフトパワーよりも軍事力の方に反応します。**これは日本人にとっても非常に重要なポイントです。ここ10年から15年間のアジアでは、中国がさまざまな「シャープパワー（国家が外国に対して行う世論操作や工作活動などの手段）」を駆使して周辺国に圧力をかける試みを繰り広げてきましたが、成功しませんでした。

なぜなら、**人間の意志を強制的に変えさせることができる手段は、顔に銃を突きつけたときだけ**だからです。トーマス・ホッブスが言ったように「恐怖は侮れない情熱」なのです。そして人々は、自分や愛する人々の命が重大な危険にさらされていると感じれば、本当はやりたくないことをやるようになるわけです。

もちろん、アメリカが現時点でも、世界最大最強の軍事力を持っていることは事実です。ＧＤＰでみても、アメリカはいまだに世界最大の経済力を誇っています。しかし、それがかつてのように圧倒的なものではなくなりました。

たとえば、経済力を計る場合、「購買力平価（ＰＰＰ：purchasing power parity）」で比較するほうがＧＤＰよりも戦略的な意味で国家の力を正確にあらわしていると言えます。

購買力平価とは、自国と相手国で取引されている様々な商品の交換比率を表したものですが、例えば、日本で売られるハンバーガーが1個100円で米国で1ドルであれば、両国でハンバーガーを取引する場合の交換比率（つまり購買力平価）は1ドル＝100円ということになります。そして各国の購買力平価でドル換算したものが購買力平価GDPとなります。このPPPでみると、2024年ではアメリカの購買力平価GDPは28兆7810億ドルですが、なんと中国は35兆2910億ドル。つまり**アメリカは市場規模という点では中国よりもまだ大きいものの、中国のほうが経済力としてアメリカよりもやや大きい**ことがわかります。

あるいは、電力の発電総量や工業生産力などを指標にしても良いでしょう。例えば2022年のアメリカの電力発電量は世界第2位の4291・95TWhですが、中国は世界一の8881・87TWhとなります。

一般的に使われるGDPや、市場取引の規模なども、商業的な部分に限定した「国力」を計測する基準としては良いかもしれませんが、それは安全保障における強みには必ずしも直結しません。パワーポリティクスや、戦略的な意味で考えると、完璧ではないにしても、私はPPPが重要な指標だと考えています。

PPPが大きければ、商品にしても、労働力にしても、より多くのものを買うことができるのです。これを軍事に置きかえて考えてみましょう。

アメリカでかかるコストは、中国と比較すると高すぎます。アメリカは兵士の人件費も高いし、兵器そのものも高いという現実があります。一方、中国政府は人民解放軍に対して人件費を支払うわけですが、自国の通貨である人民元で払っています。対ドルベースで計算すると、中国における人民解放軍の人件費もミサイルも、実に安い。つまり、自国内でアメリカがミサイルなどの兵器を調達し、兵士を動員するよりも、より購買力の大きい中国のほうが優位にそれらを調達できます。

1989年にベルリンの壁が崩壊し、冷戦が終結しました。それまでアメリカはソ連を中心とした社会主義陣営が世界の覇権を握ることを「拒否」してきましたが、ソ連崩壊により、1990年代から2000年代まではアメリカの「一強時代」という瞬間がありました。しかし今、全体的にはそのポジションは根本的に失われているのが現状です。

冷戦時代の問題意識に立ち返れ

このような現状を踏まえた上で主張したいのは、我々は新しい対外政策をもう一度探らなければならないということです。

冷戦終結以降、アメリカの軍事戦略はテクニカルな議論が中心となってしまい、全般的な対外政策に関する議論から乖離《かいり》する傾向が強くなってしまいました。アメリカはあまりにも強力な軍事力を持っていたため、米軍の力をもってすれば国際問題は解決できるという考え方が幅をきかせていました。軍事戦略が、単なる技術的な話に終始するようになってしまいました。つまり、この圧倒的な軍事的優位をどのように活用すべきかという話だけになってしまい、いかに軍事リソースを使って北朝鮮やイラク、そしてアフガニスタンの問題を解決するかという技術論だけになってしまったのです。もっと平たく言えば、ドローンの操作法、戦闘機や艦船の戦術だけを軍事戦略と考えていたようなふしもあります。

冷戦時代はこのような状況ではありませんでした。アメリカはソ連よりも軍事的に強いわけではなかったし、とくに欧州でその弱さがあった。そのため「どのような軍事戦略をとればソ連との軍事力の差を埋められるのだろう？」と考えて議論していました。私はこのような問題意識に立ち戻る必要があることを提案したかったのです。

当時、アメリカにとってソ連を軍事的に圧倒することが難しかったように、**現在の中国もアメリカにとって対処することが非常に難しいライバルになりつつあります。それを前提として国家戦略や軍事戦略を組み立てる必要がある**のです。

日本にとって死活的な問題

そしてこの問題意識は、まさに日本に深く関係してきます。日本は第二次世界大戦後、アメリカとの同盟に守られて経済成長しました。しかも冷戦時にはアメリカの欧州の同盟国たちよりも恵まれたポジションにあったと言えます。なぜなら日本は地理的にみてユーラシア大陸から離れた島国であり、ソ連の権力の中心地から離れた場所に位置していたからです。また、中国も現在のように発展していたわけではなく、人民解放軍も兵士の数が多いだけで軍事的には重大な脅威ではありませんでした。つまり、戦後の日本はアメリカの圧倒的な覇権の及ぶ範囲内で、ソ連の脅威から守られた、とても好条件な位置を占めていたと言えます。冷戦後もしばらくは、アメリカに挑戦するような強力なライバルは存在しませんでした。

ところが今、その時代は終わろうとしています。**中国が強大な存在として東アジアで台頭してくると、それは日本にとって死活的な問題となる**わけです。

このような環境の中で、本書を出版して世に問う理由は、大きく分けて二つあります。

第一に、私がアメリカで提案している「拒否戦略」は、日本にもそのまま適用できるからです。中国の覇権を阻止することは日本の国益にも大きく資するということです。

実はすでに日本政府も「安保三文書」の中で、基本的に「拒否戦略」とほぼ同じことを述べていますが、唯一の懸念は日本政府がその戦略の実践を、スピードと緊急性とともに実行できるかという点です。ちなみに、この拒否戦略のロジックはオーストラリアにも当てはまります。オーストラリア政府は新たに国防戦略を発表しましたが、その中で拒否戦略を採用すると言及しています。中国の軍事的侵攻を「拒否」することは、太平洋の国々にとって、もはや不可避の戦略と言えるでしょう。

第二の理由は、拒否戦略を「アメリカが行うこと」に大きな重要性があるからです。私はあえて包み隠さず言いますが、日本はアメリカに安全保障面で大きく依存しています。つまり、「アメリカがくしゃみをしたら、日本は風邪をひく」というロジックは、安全保障面にも同じく言えるということです。これは別に私が傲慢《ごうまん》だから言っているわけではなく、あくまでも現実としてそういう事実があるということを述べているだけです。

アメリカ一強時代は終わった

冷戦後、アメリカが軍事的に圧倒できないライバルは存在しませんでした。しかし、その時代は終わろうとしています。

したがって、我々が直面している問題は、従来の戦略がもう役立たないものになっていることを理解したうえで、改善していかなければいけない。たとえば、これは現実的にも明らかなことですが、**アメリカ政府はすでに複数の戦域で軍事的な戦闘を維持することは不可能であることを認めています。つまり、潜在的に中国にも遅れを取り始めている**ということです。

アメリカの老舗シンクタンクであるランド研究所は、２０２３年にアメリカの対外政策と軍事的な投資やリソースの間には根本的なミスマッチがあると指摘していて、歴史的な転換点にいると主張しています。つまり、持っているリソースと、やろうとしている目的が合致しないということです。

いま、アメリカの対外政策に関する議論には、大きく分けて二つの立場があります。まず一方は、「優越主義者《プライマシスト》」と言われるグループであり、アメリカの軍事力をさらにアップして、他国に対して優越的な状態を維持するというものです。H・R・マクマスター（トランプ政権で国家安全保障補佐官をつとめた元米陸軍将軍）やミッチ・マコネル上院院内総務のように、国防費を2倍にしてあらゆる問題の解決にあたろうとするものです。

その反対が「抑制主義者《レストレイナーズ》」と呼ばれる人々です。外に展開している米軍をすべて国内に引き戻し、不介入を貫こうというものです。中国にしても、ロシアにしても、アメリカに軍事侵攻するほどのパワーはありません。アメリカ一国の防衛に絞ればアメリカはどこにも負けないというわけです。ちなみに、私の立場はそのちょうど中間の「優先主義者《プライオリタイザーズ》」になります。

いずれも単なる軍事的戦略論ではなく、今後アメリカが生き残るうえでどのような国家戦略が必要か？　という根本的な議論です。本来であればこうした観点から、両極端の勢力も含めて活発に議論することが大事なのですが、冷戦後はこのような議論は満足には行われていなかった。また、優越派も抑制派も弱点を抱えています。そのため、私は、中間の立場から『拒否戦略』を上梓したのです。

リアリズムで世界をみる

私が採用したアプローチは、リアリズム（現実主義）に立脚した理論的な方法です。「リアリズム」というと、弱肉強食、強い国が弱い国を支配するニュアンスが感じられるかもしれません。

しかし、私の言う「リアリズム」とは、昔のドイツ人たちが「権力政治」と呼んだもの――つまり、国家が常に国力を最大化しようとして積極的になり、どんどん弱小国を飲み込んで行こうというもの――ではありません。あくまで「国益」という観点から世界を見ようというアプローチです。そのベースにあるのは、**国際政治のなりゆきや勢力均衡などを決定する上で最も重要なものになるのが軍事力である、**という認識です。

日本の読者の方々にとって極めて重要なことは、リアリズムから出発する私の議論は「倫理的」なアプローチであるということです。ここで言う「倫理」とは、リーダーの責任です。会社の社長が株主、社員の利益に責任を持つように、国のリーダーは国民の安全、繁栄に責任を負わなければなりません。「リアリズム」の対極を「理想主義」としましょう。しかし、理想主義によって掲げられた目標がいかに高貴なものにみえても、それが現実のパワーバランスのなかで実現ができず、問題がいつまでも解決されないならば、かえって状況をこじらせてしまい、冷酷なパワーの計算に基づくリアリズム的政策よりも状況がはるかに悪化するパターンが多いのです。

例として、悪名高い「ケロッグ＝ブリアン条約」があります。この条約は第一次大戦後の1928年、フランスのブリアン外相とアメリカのケロッグ国務長官が提唱して実現した、戦争を否定する初の国際条約です。ところが、たしかにその理念は崇高だったものの、わずか十数年後に欧州でふたたび世界大戦が始まり、結果としては完全に失敗に終わりました。しかもこの条約は、実に多くの人々があらかじめ失敗することがわかっていたのに、理想主義に突き動かされて両国は締結し、見事に失敗したのです。

一方で、冷戦期に超大国はそのような理想論を追求しませんでした。多くの人々は、理想論は実現しないと知っていたからです。アメリカは、リアリズムによる「ソ連封じ込め」という政策を採用しました。我々はソ連を信じないし、紙でしかない条約を信じない、そのかわりに信じるのは軍事力だったということです。その観点から見れば、理想論よりもリアリズムから出発したアプローチのほうが「リーダーが責任を持つという意味で倫理的」であるというのが私の立場です。

こうした立場は私が哲学で言うところの帰結主義の人間だからではありません。国家のリーダーは予期された結果に対して責任を持つ、という考えの現れです。

「バランス・オブ・パワー」

リアリズムは、たとえば中国の立場を説明する時にも役立ちます。中国の台頭と行動は、まったくリアリズムに即したものであり、そこから将来予測をすることもできます。

このような立場から、アメリカの対外政策の根本的な目的を述べてみましょう。

アメリカという国家の根本的な目的は、他者の利益に配慮しながら、自国の利益を守り、前進させることにあります。言い換えると国家の物理的な面での安全と、自由な政治体制を守り、アメリカの経済面での安全と繁栄を促進することです。それがアメリカの「国益」です。

では、具体的にはアメリカはこれらの利益追求をどのように行えばいいのでしょうか？

私は、「バランス・オブ・パワー」の状態を追求すること、つまり基本的にはアメリカに有利な勢力均衡の状態を維持することだと考えています。この根本にあるのは、**「他国が彼らの意志をアメリカに押し付けることができるほど強大になることは望まない」**という考えです。

たとえば冷戦期の場合で言えば、「侵略や占領であれ、間接的な手段であれ、ソ連が世界を支配し、アメリカ経済を麻痺《まひ》させ、アメリカに共産主義を押し付けるようなことはお断り」ということになります。

現在のアメリカはとても強い。たとえばアメリカはたった一国だけで、世界のGDPの25％を占めています。現在のところ、中国ですら彼らの意志を私たちに押し付けるようなことはできません。

しかしこの先、いくつかの国家がその力を結集し、アメリカに反発してくることも想定されます。全世界を見渡したとき、そのような挑戦がアメリカに対して可能になるかもしれません。すると、前述の「抑制派」の戦略もリスクがあると言えます。

アジアはパワーの集積地

さて、ここで世界をパワーという観点でみたとき、パワーが集中しているのはどこでしょうか？ 経済的生産性が強い箇所は、世界中にランダムに分布しているわけではありません。実際にはいくつかの場所に集中しています。世界地図を見れば、どこに人が集まり都市が形成され、活発な経済活動が行われているか一目瞭然です。

歴史的にみると、過去500年から300年の間は、圧倒的にヨーロッパを中心とした北大西洋地域でした。

ところが今は事情が違ってきています。現在は、アジア、とくに東アジアの沿岸部から東南アジアにかけて下ってインドの周辺部までにパワーが集中しています。1980年には世界のGDPの15％程度だったのが、現在では**約40％近くがアジアに集中しており、しかもますますその集中度を高めている**のです。

その反対がヨーロッパです。欧州連合（EU）によると、現在のヨーロッパは世界のGDPの20％弱を占めていますが、それが減少しつつあります。20年後には世界の

10％以下程度になるでしょう。

ペルシャ湾、そして中東全域にもパワーが集まっていますが、これは石油があるためです。ただ、それは基本的には10％に満たない数値にすぎません。アフリカなどは合計しても2～5％といったところでしょうか。中央アジアは1％にも満たない状況です。

このような観点から世界を見たときに、アメリカの最大のライバルはやはり「中国」ということになります。しかも先にみたように購買力ではアメリカを超えているとも考えられます。もちろん、ロシアも重要なライバルとなるのでしょうが、それでもGDPでいえばイタリア一国とほぼ同じで、アメリカの10分の1でしかありません。

そして、アメリカ、さらには日本にとって最も危険なシナリオは、中国がアジアを支配してしまうということです。**アジアに限定すれば、中国はその地域のGDPの50％、あるいは60％を占めるという中心的な大国**です。しかもその地域の真ん中に位置しており、アジアのハイレベルな経済圏のほとんどは、そのすぐ周辺に集中しています。そして、その外側にある太平洋には何もありません。

いま世界の目は、ロシアとウクライナの戦い、そしてイスラエルとハマスの戦争に向けられていますが、一方のヨーロッパでは、ロシアはヨーロッパ最大の経済大国ですらないのです。ドイツの方が経済規模は大きい。市場規模で算定すれば、ロシアより大きい経済規模を持った国はたくさんあるわけです。

中東に目を向けると、たしかにイランも土地は広いですが、経済規模は小さいですし、それほど深刻な脅威というわけではありません。したがって、力の集積によって最も深刻な脅威となっているのは、中国を含むアジアなのです。

世界には「主要な戦域」というものが存在することがおわかりいただけると思います。アメリカの元外交官であり学者でもあったジョージ・ケナンや、国際政治学者であったニコラス・スパイクマンたちも唱えていたように、アメリカの戦略の基盤は、第二次世界大戦だけでなく、戦後の冷戦期から今日にいたるまで、相変わらずこのような「主要な戦域」というものをベースにしています。

そして冷戦期には、この「主要な戦域」（当時はヨーロッパ）におけるソ連や共産主義国たちによる統一を「拒否」することや「コントロールすること」に主眼を置いていました。そして現在、これと全く同じロジックを中国に対して適用する必要があるのです。

中国が覇権国家を目指す理由

実は、中国はこうしたパワーの原理に忠実に行動しているといえます。率直に言って、彼らが追求しているのはパワーの集積による地域覇権であるということはあらゆる証拠が示しています。

そもそも、なぜ中国は地域覇権を追求するのか？

第一に、それは彼らの国家戦略として合理的だからです。基本的に、あらゆる「台頭する大国」というものは覇権を求めるのです。

それは、モンゴル帝国や漢のような、単なる領土の拡大や獲得と結びついているわけではありません。私が「安全な地理経済圏」(a secure geo-economic sphere) と呼んでいる、もっと長期的な経済構造によるものです。中国にとってアジアにおける地域覇権を確立することは、彼らの安全と繁栄に大きくプラスをもたらすものだとみなされるのです。ことにアメリカのような既存の大国とのライバル関係がある中では強い動機として意識されるものです。

これはある意味で日本が第二次世界大戦の時に提唱していた「大東亜共栄圏」と同じことです。当時の日本は、とりわけ重要な天然資源や世界市場から切り離されることを恐れていたので、東アジア、東南アジアに経済圏を確立することは合理的だったということがわかります。

これはたとえば、半導体に関する中国の動きを見ればよくわかります。最先端の半導体は軍事的パワーに直結する戦略物資です。そのため、アメリカは中国の最先端半導体の製造に歯止めをかけようとさまざまな規制を打ち出しました。すると、中国はその規制を巧みに逃れて内製化を実現しようとしています。

さらにわかりやすいのは、「マラッカ・ジレンマ」です。中国経済の発展は工業製品の輸出に依存していますが、中国が生産を拡大すればするほど、アメリカなどが管理する海路（とりわけマラッカ海峡）を通じて石油などの原料を輸入しなければなりません。「マラッカ・ジレンマ」とは、中国が国力を上げるために経済発展をすればするほど石油の輸入量が増えるので、脆弱性《ぜいじゃく》がむしろ高まってしまうというメカニズムを指摘したものです。これを脱するには、中国としてはマラッカ海峡や南シナ海を何としてでも自らのコントロール下に置きたいわけです。

このように見てみると、中国が地域覇権を目指すのは合理的な動機によるものだということがよくわかります。けっして非合理的ではありません。

中国が地域覇権を目指すもうひとつの理由は、中国が、帝政ドイツで言うところの「日の当たる場所」を求めていることです。つまり、国際的に自分たちの能力にふさわしいだけの立場を得たいという願望です。中国の表現でいえば、「中華民族の偉大な復興」ということになります。ですから、このような行動は、国際政治の歴史においては「標準的な行動」と言えます。かつてのアメリカも国力の充実にともなって、大英帝国などに対してさまざまな「大国としての要求」をしてきました。

とはいえ、**現在のアメリカは、中国が地域覇権を実現させることを望んでいません。もしそうなったとしたら、つまり、中国が世界のGDPの半分かそれ以上を支配したら、それはアメリカの核心的利益を損《そこ》なう**ことになるからです。

というのも、世界経済の大部分を担う最もダイナミックなエリアを中国が掌握《しょうあく》することになるため、世界経済のシステムが中国を中心として方向転換することができるからです。基軸通貨、規範の設定、基準、規制などといったものだけではなく、最高の企業、最高の大学、その他人々が話題にするようなものは、すべてパワーがもたらすものなのです。

これは日本をはじめとするアジア諸国にとっても同様です。「戦狼外交」と呼ばれるように、中国は周辺国に自国のパワーの承認、つまり服従を求めてくるからです。ですから、中国が支配的な力を持たないようにしなければならない。それが、私たちが考えなければならないことです。

中国の支配を拒否する「反覇権連合」

そこで必要となるのが同盟関係です。我々にはいわゆる**「反覇権連合」（anti-hegemonic coalition）というもの（私が命名したのですが）が必要になる**わけです。ただし、これは必ずしも「反中連合」というわけではありません。あくまで「中国の覇権に反対する」という意味なのです。

「反対」という言葉を聞けばネガティブなものに聞こえるわけですが、実際はポジティブなものです。**この同盟は、あくまでも「中国がアジアで圧倒的な覇権を握ることを阻止する」ためのものであり、同盟に参加するのが共産主義のベトナムであれ、自由主義の日本であれ、マルコス率いるフィリピンであれ、東南アジアの中のイスラム教政権でもかまいません。政権の性質に関係ないのです。とにかく中国の支配下で生きたくないのであれば、この同盟に加わってもらって協力する**ということです。

そしてこのような同盟は、すでに発生しています。国際関係論の専門用語でいえば「バランシング同盟」(balancing coalition) というものです。私はリアリズムの観点からこの問題を見ているので、「中国の地域覇権を阻止することに関心を持つ国であれば、誰とでも協力する」べきだと考えています。すべての政策において合意する必要はありません。いわばカジュアルな非公式の同盟とでも言えるでしょう。「アジア版NATO」のような公式なものではありません。純粋に目的を絞った、柔軟性や適応力のある連合というイメージでしょうか。

この同盟があれば、「中国に支配されたくない」という強い懸念を持つアジアの国々は、世界最強国であるアメリカを味方につけることができるわけです。そしてアメリカは、このような同盟があれば、自分たちだけでその重荷を背負う必要はないわけです。このようにして、我々は「反覇権連合」を運営していくということです。

最終目標は「中国に勝利」することではない

ここで重要なのは、私が提唱している反覇権連合が狙っている「目標」が、中国打倒、すなわち「中国を弱体化させる」、あるいは「中国の体制転換をさせる」ことではないことです。

たとえば、マット・ポッティンジャーやマイク・ギャラガーという、いわば「対中タカ派」と呼ばれて次期トランプ政権入りの可能性が高いと見られている共和党の人々は、中国との対決において、その目標を「レジーム・チェンジ」や「中国の国際社会からの追い落とし」に置いているように見えます。

しかし私の提唱している目標は、中国のアジアにおける覇権を「拒否」すること、つまりその侵略を止めることにあります。この観点から言えば、他国を侵略しなければ、中国は「中華民族の偉大な復興」を達成してもかまわないのです。なぜなら、**拒否戦略の目標は、柔軟で適応可能な「優位なバランス・オブ・パワー」の維持**だからです。

具体的には、中国が日本やフィリピン、インドに自分の意志を押し付けようとしても、それを阻止すべく、最善の方法で周辺諸国が協力するための同盟をつくるということです。

これは、ポッティンジャーらが提唱している「中国に対する勝利」とは違います。なぜなら**リアリストにとって、「勝利」は決して最終的な目標にはなり得ない**からです。その証拠に、アメリカは冷戦でソ連に勝利しましたが、現在はロシアとの関係において冷戦時代よりも多くの問題を抱えています。私の視点から言えば、中国はすでに「超大国」です。したがって、このような大国に対してアメリカが自分たちの意志を押し付けることができるとは考えていません。たとえアメリカが「勝利」して北京政府が変わったとしても、相変わらず大きな問題は残るでしょう。

もっと具体的に見てみましょう。ポッティンジャーたちの考えでは、北京は非常にアグレッシブで危険な存在だということです。そして彼らは、アメリカはアジアにおいて「軍事的な優位」を獲得しなければならないと主張しています。これは間接的に北京のレジーム・チェンジ、つまり共産党政権の交代を目指せと示唆《しさ》するわけです。ところが同時に、ウクライナにもリソースを使え、兵器を大量に送れというのです。このようなことをしていたら、GDP比であと5％も国防費を上げなければなりません。これは明らかに現実的ではありません。

率直に言って、私も、中国共産党率いる中国政府のほうが、ソ連よりもさらに攻撃的だと考えています。たとえば、国民党政府によって南シナ海に引かれた「九段線（当時は十一段線）」を、本当に実行していることから見てもそれは明らかです。

しかし、アメリカの国益は、何も習近平や中国共産党と、生きるか死ぬかのデスマッチをやることではないのです。もちろん私は共産主義は嫌いです。それでもアメリカ人たちは、わざわざ北京と生存競争を行う必要はありません。これは日本にも台湾にも当てはまります。われわれは北京から「我々の境界線」や「バランス・オブ・パ

ワー」を尊重してもらえさえすればいいのです。

現実にはこのような目標を達成するだけでもかなり難しいとは思います。にもかかわらず「習近平は悪魔だ」と言ったり、台湾の独立を叫ぶなど、よりハードルを上げたところで、結局のところ実現性はさらに低くなるでしょう。セオドア・ルーズベルトの言葉をアレンジして言えば、「小さな棍棒を携《たずさ》え、大声を出す」だけなのです。それを逆にしなければいけません。それはまさにルーズベルトのオリジナルの言葉である「大きな棍棒を携え、穏やかに話す」です。これはアメリカ人だけでなく、日本人、台湾人、フィリピン人たちにも当てはまることです。そして中国とコミュニケーションを図るのです。これが平和をもたらす最適解です。

力によるデタント

こうした中国を相手にしたゲームのゴールは彼らの侵略を不可能にするパワーバランスの構築であり、最終的には「デタント（緊張緩和）」なのです。

ただし、そのデタントは、軍事的な「強さ」を通じてしか実現できません。実はこの「力による平和」こそがレーガン大統領が本当に提唱していたものでした。レーガンは当初、ソ連に対してかなり攻撃的な言葉遣いをしていました。まず彼は軍事力を増強して、そこからソ連と協調する方向に切り替えてデタントに向かったのです。１９８９年にはすでに冷戦が実質的に終わっていましたが、その時の「デタント」は「力による平和」でした。これがキッシンジャーのオリジナルの「デタント」とは違う点です。「力によるデタント」、これこそが私の提唱するモデルです。軍事力や経済力を強くすることによって、レーガンは冷戦終結についてゴルバチョフと対話をすることを可能にしたのです。

我々は、中国がソ連のように崩壊することを期待できませんし、期待するべきでもなく、期待する必要もありません。しかし、デタントは可能です。たとえば欧州では１９７０年代から１９８０年代後半までには実質的にデタントが実現していました。なので、これは中国に対しても可能です。わざわざ中国を崩壊させる必要はありませんん。こちらがパワーを結集させて、バランスをとってデタントすればいいのです。このために必要なのが「反覇権連合」です。

我々のゴールは、中国に屈辱《くつじょく》を与えることではありません。また、国際社会から疎《そ》外《がい》したり、支配したりすることでもありません。中国と向き合うときに重要なのは「中国への優越」ではなく「中国とのバランス」なのです。私の提唱する戦略では、中国は「中華民族の偉大な復興」を達成してもかまいません。

ポッティンジャーやギャラガーの戦略は実質的に「優越主義」です。そうなると、彼らの中には「中華民族の偉大な復興」などは存在しませんし、中国がすでに超大国になっているという意識もないでしょう。彼らは実質的にアメリカの「世界覇権」を提唱しているのです。

最近アメリカで出版された、共和党の新しい戦略を提唱したマシュー・クローニグの『我々が勝利し、彼らが負ける』というタイトルの本がワシントン界隈で話題です。ところがこれも信頼性の高い戦略だとは思いません。そもそも何が「勝利」なのか、そして中国にとってそれがどのような意味を持つのかが不明です。我々が中国に意志を押し付けるという意味なのでしょうか？

第一に、私はこの戦略が実行可能だとは思えません。そもそもアメリカ国民はこのようなアプローチを望んでいないでしょう。第二に、我々が「勝つ」ことを目指すとなると、中国は明らかに生存がかかった挑戦をアメリカから受けていると受け取ることになります。むしろ彼らの本はアメリカ国内の人々にだけ魅力的なものであって、望ましい戦略とはならないと思います。もし私が日本人でも、勝利を目指す戦略は望まないと思います。このような目標を掲げてしまえば戦争が発生する可能性をさらに高めてしまうでしょう。

同盟をバラバラにしたい中国

さて、実際に反覇権連合が固まりつつあるのは良いことですが、もちろん中国も黙ってそれをみているわけではないでしょう。

中国にとっての最適な戦略は、平和的手段を用いてわれわれの同盟を破壊することです。なぜなら、その方がリスクが少ないからであり、コストがかからないからです。中国は１９４１年のヒトラーのように、わざわざアメリカ軍を敵に回してまで同盟側と戦う必要はありません。むしろ、少しずつ同盟を崩壊させることを望んでいます。

同盟をバラバラにするためには、私が「要《かなめ》のバランサー」と呼んでいる者の役割を弱体化させることが重要になってきます。

中国はアジアのGDPの半分を占め、アジアのどの国よりも大きい。そしてアジア諸国は中国の周辺部に沿って、一般的に互いに離れた場所に並んでいます。同盟側でも日本と韓国のように互いにあまり関係が良くない場合もあります。中国はここにクサビを打ち込めば、すべての国に同時に挑むことなく、同盟をバラバラにすることができるわけです。これは私達にとっては実に危険です。

そうなると、アジアにおけるアメリカの役割が非常に重要になってきます。アメリカは同盟の要、もしくは看板となる必要があります。

ここで、あなたが大きなカンファレンスを開催することになったと想定しましょう。この手の会合を成功させるには、やはり「ビッグネーム」が必要になってきます。インド太平洋地域であれば、たとえば「モリソン前豪州首相が来る！」とか、国連関連のイベントだったら「U2のボノが来る！」といわれるようなスターが必要です。これは同盟関係にもあてはまります。ここにアメリカという強国が加わると、一挙に注目を集めるとともに安定感が増すことになるからです。同盟にアメリカが参加しているかどうかは、「世界の目をアジアに向ける」うえで重要な要素になるでしょう。

ただし、中国にとってのベストシナリオ、「平和的な手段で同盟をバラバラにする」ことはこれまでもうまくいきませんでしたし、これからも難しいでしょう。そもそも中国は「韜光養晦《とうこうようかい》（鄧小平時代の「才能を隠して、内に力を蓄える」という中国の外交・安保の方針）」という政策を追求してきました。いわゆる「平和的台頭」の時期です。これは10年、15年前までの話です。しかし、それではうまくいかなかったのです。

習近平政権の時代になっても、当初のアプローチは、明らかに軍備を増強しつつも、基本的には「一帯一路」のようなものを使って近隣の国々を自分たちの側に引き込もうとしていました。ところが、やっぱりうまくいきませんでした。なぜか？　これはアメリカにも同じ経験がありますが、「非軍事的な強制」はうまく機能しないからです。

経済制裁よりも軍事を充実させるべき

たとえば、「経済制裁」は、非軍事的な手段のなかでは最も強力な形です。相手国の人々に対して金銭的な制限をかけ、彼らが物を手にするのを阻止するものです。ところが西側が行う制裁は、人々が本当に必要な物資に対して制裁するわけではないため、そもそも機能するわけがありません。その証拠に、アメリカは北朝鮮、キューバ、北ベトナム、イラン、イラクなどに対して制裁を行いましたが、どれもうまくいきませんでした。

現在のウクライナ戦争においても、ロシアに対する経済制裁が全く機能していないことを我々は知っています。むしろその結果はショッキングなほどで、ロシア軍を弱体化させることさえ失敗しています。しかもこれは2014年（クリミア併合）以降の話ではなくて、2022年以降にかけた制裁の話です。実際に、アメリカ国務省の高官であるカート・キャンベルやNATO（北大西洋条約機構）軍の司令官をつとめるクリストファー・カヴォーリらも「ロシア軍は復活しつつある」ことを認めています。

同じように、中国は、最もターゲットにしている台湾に対し、経済面でさまざまな圧力をともなう措置を講じてきました。ところが何が起こったかといえば、中国の目的とは逆の結果、つまり台湾の中国離れです。

また、中国はオーストラリアに対しても一部の牛肉やワインに桁外れの関税障壁をもうけて経済的に脅しましたが効果はありませんでした。日本に対してもレア・アースの輸出を禁止しましたが、その結果は逆になりました。

こうした事実は、中国の同盟解体工作がうまくいかないという意味では、良いことでもありますが、悪いことでもあります。なぜかというと、**経済パワーの代替手段は「軍事力」しかない**からです。つまり、中国が自らの目標を達成するために軍事力に頼る可能性は高くなるのです。

私の見解は、現在のアメリカの主流派と呼ばれる人々の見解と大きく反したものであることは認めざるをえません。バイデン政権も、共和党の一部も、そして日本政府においてもそうでしょう。彼らが好む「バランスの取れたアプローチ」とは違います。

私が主張したいのは、「**中国の覇権を阻止するためには、軍事をきちんとしなければならない**」ということです。なぜなら中国は我々に対して意志を押し付けてこようとする力を持っており、それを実現するために軍備を発展させる合理的なインセンティブを持っているからです。

反覇権連合に風穴を開けたい中国

前述しましたが中国のインセンティブは第三次世界大戦を起こし、同時にすべての国と戦うことではありません。より的を絞った戦争を遂行することによって、反覇権連合を崩壊させることです。私はこれを「システム的地域戦争」と呼んでいます。基本的にはこのような戦争が起これば、この地域の体制が決まります。

ここで例に挙げたいのが、ドイツ帝国統一までの一連の戦争です。ドイツはプロイセン王国が中心となって、デンマーク、オーストリア、そしてフランスに対して3回ほど闘いました。それは第二次世界大戦やナポレオン戦争、第一次世界大戦のような「全面戦争」ではなく、小規模な地域戦争です。しかし、その成果は大きなものでした。1871年に普仏戦争によってドイツが統一され、ヨーロッパ大陸で最強の国家が生まれたのです。それはヨーロッパのパワーバランスを決定的に変えました。

これを現在のアジアに当てはめて考えると、「反覇権連合」を維持するには実に繊細な難しさがあることがわかります。特に中国がアメリカの信頼性を失わせることに成功した場合、中国による同盟の破壊の可能性はますます高まることになり、アジアの国々も中国になびくような状況に陥《おちい》るでしょう。私はこれを懸念しています。

フィリピンをはじめASEAN諸国、さらには台湾のような国々は、当然ながら中国の支配下で暮らしたくありません。ところが中国の支配下から離れる代償があまりに大きく、自国の経済を維持する現実的な見通しが立たないのであれば、その支配を受け入れる合理的なインセンティブが働きます。

例えば、1942年当時のタイが、日本に対してどのような振る舞いをしたかを思い出してみれば良いでしょう。タイは日本軍のインドシナ進駐に協力しましたが、それによって独立を保ちました。第二次世界大戦中のドイツに対しても、実に多くの国々がバンドワゴン（勝ち馬に乗ること）をしています。もちろんアメリカに対しても、歴史的に多くの国々がバンドワゴンと呼ばれる行動をしてきました。これがおこなわれたのは、その国々がアメリカを愛しているからではなく、それが合理的なインセンティブを持っていたからです。

連合の要になる国を狙ってくる

ノーベル賞経済学者で核戦略の分野でも活躍した故トーマス・シェリングが言ったように、軍事力を使って自分の意志を押し通すやり方には二つの戦略があります。一つは直接的な武力行使です。陸上封鎖による占領がその典型例でしょう。たとえば、これは風呂に入るのを嫌がる子供を抱えて風呂場まで運ぶようなものです。

そしてもう一つは、強制、あるいはコスト賦課《ふか》と呼ばれるものです。降伏するまで海上封鎖や空襲をおこなうのもその一例です。子供が風呂場に行くまではおもちゃを取り上げるというやり方です。

ところがこのコスト賦課の問題点は、アメリカが何度も繰り返し試してきたことからもわかるように、他国に何かをあきらめさせるレベルのコストを課すのは非常に難しいところにあります。

また、空爆作戦や戦時中の制裁作戦を見てみると、ほとんどがうまくいっていません。国境や海上の封鎖も、相手をあきらめさせることはできません。ドイツを降伏させるには1945年に首都ベルリンを陥落させなければならなかったですし、第一次世界大戦では戦場での決定的な敗北が必要でした。南北戦争では、北軍は南軍に対して封鎖を行っていましたが、結局は戦場で南軍を打倒するしか方法はなかったのです。

したがって、封鎖は政治的な意志を押し付ける際の「支援活動」でしかありません。

この認識は非常に重要です。「中国は台湾を封鎖するかもしれない！」と言ったとしても、いくら具体的な封鎖案を示したところで、それによって台湾が抵抗を諦めることはありません。

では何が効くのか？ それはナポレオンが言ったとされる格言にあります。

「もしウィーンを取りたければ、ウィーンに行くしかない」

この一点に尽きます。**中国が本気で反覇権連合をバラバラにするために何をするのか？ それは連合のメンバーの中の一つを狙って直接的な軍事力を行使し、自らの意**

志を押し付けることです。中国は、それ以外の国々やアメリカがそれに反発すれば、抵抗する意志と能力がないことを示して、いったんは引くものの、必要であればまた直接的な軍事力を行使します。連合を崩壊させるまで、それを繰り返すのです。

そのために必要になる戦争は大なり小なりあるでしょうが、中国の国益から考えれば、「サラミ・スライス」と呼ばれる手法で、小出しにとにかく直接軍事力を使うわけです。南シナ海で起こったのはまさにそうした事態といえるでしょう。

とはいえ、このような直接的な軍事行動は、すでに中国にとってはかなり難しくなっています。というのも、中国のやり方とその狙いが明らかになり、対中反覇権連合が形成されつつあるからです。

台湾の次はフィリピン

では中国は本当に反覇権連合への武力行使を準備しているのでしょうか?

第一に、彼らが最も望んでいるターゲットが台湾であることは間違いないでしょう。北京政府は常に台湾の領有権を政治的に強く主張してきました。自分たちの海岸からたった100キロほどしか離れていない島に、中国語を話す住民たちがいます。アメリカはかつてのように台湾に軍隊を置いていませんし、相互安保条約を結んでいるわけでもありません。台湾はアメリカの領土ではありません。そうなると台湾は中国にとって最高のターゲットとなるわけです。

ところが反覇権連合の他の国々は、台湾のすぐ後ろに控えています。日本や韓国がいます。韓国に至っては、北京から見て上海よりも近い距離にあります。しかも韓国には強力な軍事力もありますし、米軍も駐留しています。

もっとも台湾は特殊な状況にあります。彼らは中国本土から「失われた省」として認識されています。世界のほとんどの国も、台湾と正式な国交を結んでいないという点で、中国の「一つの中国」という主張を認めています。そういう意味で台湾は、主権が明確になっている日本のような国々とは立場が微妙に違います。

もし北京が台湾を奪取し、それでもまだ連合を崩すことができていなければ、次のターゲットはフィリピンになるはずです。しかも中国はフィリピンを併合するためではなく、フィリピンを連合から離脱させ、アメリカの弱さを証明するためにターゲットにするのです。そして、そのための方法が軍事侵攻なのです。

注意していただきたいのは、「侵攻」とは「併合」という意味ではないという点です。第二次世界大戦で連合国は最終的に日本とドイツを占領するために侵攻しました。それは日本やドイツを「併合」するためではなく、我々が望む条件で戦争を終結させるためでした。

また、アメリカは2003年にイラクに侵攻しました。これも占領や石油を奪うためではありませんでした。大量破壊兵器（存在しませんでしたが）を放棄させる目的でイラクに行ったのです。そして最終的にそうさせる唯一の方法が侵攻だったのです。

傀儡政権の樹立を狙う中国

では、もし侵攻が中国の最善の戦略だとしたら、それに対処するために具体的にはどうしたらよいのでしょうか？

そこで私の提唱する「拒否戦略」が重要になってきます。これは日本にも直接関わってくる戦略です。

つまり、中国が台湾を占領しようとしてくるのであれば、陸路であれ、空路であれ、その侵攻を軍事的に「拒否」する必要があるということです。台北や高雄、西海岸などの地域が占領されないようにするべきなのです。

これはフィリピンも同じです。第二次世界大戦で日本がルソン島のような主要な島を占領してフィリピンのほとんどをコントロールできたように、もし中国がフィリピンに上陸して一定の土地を支配できれば、政治的な影響力を行使できるようになってしまいます。

別のわかりやすい歴史の例を見てみましょう。１９７８年から１９７９年にかけてのベトナムによるカンボジアへの侵攻です。これも「併合」ではありません。しかし、クメール・ルージュ政権をベトナムは排除しました。カンボジアが中国とつながっていたからです。そしてベトナムは新しい政府（カンプチア人民共和国）を打ち立てました。おそらく中国がフィリピンに対して使うのはそういうモデルではないかと思います。現在のマルコスを排除して、別の人物を立てて、北京側に好ましい人物を傀儡《かいらい》として政権につかせるでしょう。このような行為をわれわれは「拒否」する必要があります。

この戦略で求められているレベルは高いものではありません。かつて、アメリカはアフガニスタンに侵攻し、バグダッドやティクリートを占領し、新政府を樹立することを目指していた時期がありますが、そうした「傲慢さ」とは違います。中国の政権交代は必要ないものですし、そもそもそれは実行不可能です。

「拒否」できるかどうかもあやしい

さらに重要なのは、アメリカは明らかに中国に後れを取っている状態というのが現実だ、ということです。現状では「拒否することができれば、まだマシなほう」で、実際のところは、拒否できるかどうかもあやしいのです。だからこそ台湾と日本の役割が重要だと言えます。台湾と日本はすでに米国とつながっています。米国にとってこの両国とのつながりは有利になります。

もし私たちが中国を「拒否」することができれば、中国は自分たちの戦略ではうまくいかないことを理解するでしょうし、自分たちには良い軍事オプションがないことを自覚するでしょう。このような合理的な動機づけをできれば、われわれはパワーバランスを利用して前進できます。だからこそ、この同盟のメンバーを増やすのです。

その同盟の主要なメンバーは日本と韓国、そして第一列島線を下って台湾、フィリピン、そしてオーストラリアです。もし我々が中国をその線で押さえ込むことができれば、中国が外に出て行くのは非常に難しくなります。インドが南側をブロックしていますし、北側には決して侵略を許さないロシアがいます。東南アジアもなかなか手強い。たとえばベトナムはかなりの強敵です。この国の存在は中国にとっても長期的な問題になるでしょう。

第一列島線から中国を出すな

だからこそ、私が現在主張しているのは、「アジアに集中せよ」「第一列島線を見よ」ということです。とにかく大事なのは「軍事的に第一列島線から中国を出さないこと」です。そのかわり、われわれはアジアの大陸に出て行って戦ってはいけません。人的消耗が激しくなるからです。ただし、朝鮮半島は例外的に守る必要はあるでしょう。アジアが安定していれば中国は軍事的に暴れることができません。

そしてこれは別の問題にも同じように適用できます。チャーチルが言ったように「決定的な戦域」で正しいことをすれば、他の地域の解決に有利になります。今の時代の「決定的な戦域」とは、アジアだけでなく西太平洋を含んだ地域のことを指します。

現実的なレベルに話を戻すと、「拒否戦略」は、現在アメリカ政府によって合意された軍事面でのスタンダードな戦略で、台湾は相手の脅威に合わせていかなければならない（pacing）シナリオだということになっています。オーストラリアもこの考えを採用していますし、日本も多かれ少なかれ、これを採用しています。

ところが**最大の課題は、日本、そしてアメリカが、この戦略に同意しているにもかかわらず、それを実現するために必要なことを実行していない**ということです。

人民解放軍は世界で最も驚異的な軍備増強を行っています。台湾に戦力投射するためだけでなく、空母をインド洋や西太平洋に進出させ、南シナ海で人工島や港を建設し、中東やアフリカの大西洋岸に至るまで海軍の艦隊を進出させています。このよう

中国が設定する第一列島線

な状況にわれわれは対処しなければならないのですが、それにキャッチアップできるだけの軍事力を補強できていないのです。

　私の見方では、ウクライナの現状は中国の台湾統一への動きに何の障害も与えていません。そして、ロシアがウクライナに対して見ているのと同じように、中国も台湾を見ていると確信しています。アメリカがウクライナでの戦争という二次的な問題で地球の反対側でその資金、軍事資源、政治的意志を消耗させているという点は、中国にとって好都合だと考えているのは間違いないでしょう。

したがって、アメリカが同盟国とりわけ日本や台湾に必要としているのは、第一列島線でさらに軍事面を増強してもらい、「拒否防衛」に貢献してもらうことなのです。そしてこの議論が実にタイムリーだと思うのは、中国があと数年で本格的にアジア侵攻に動き出すと想定すべき時期に来ているという点です。

軍事開発のスピードで中国の後れを取る

これらはすべて理論上の話ですが、実際の証拠と照らし合わせても真実に近いことがわかります。なぜなら、中国政府は公然と台湾への軍事的取り組みの準備を急いでいるからです。王毅外相は安全保障会議などで、「我々は軍事力を行使する権利がある」と言っています。習近平は「中華民族の偉大な復興」と台湾問題の解決を明確に結びつけています。

確実なのは、北京が台湾武力統一の準備のために必要なことをすべてやっていると

いう事実です。軍備増強、積極的な演習、年々向上する能力、経済制裁にも負けないような体制づくり――基本的に戦争になった場合にしか起きないような事態に備えるために、景気後退と言われる中にもかかわらず、わざわざコストをかけてやろうとしているのです。

核兵器の増強も行っています。なぜそんなことをするのかといえば、本当の理由は、アメリカとの最終的な大規模戦争を想定しているからとしか言えません。そして政治的なコントロールを強めて国民に対して戦争に備えるように指示しているのです。

ではなぜ時間的にも緊急性が高いと言えるのでしょうか？　それは習近平が４期目となる２０２７年までに準備するよう人民解放軍に指示していると言われていることも挙げられますが、何よりその軍事開発のスピードが速いからです。

西太平洋の軍事バランスは、２０２０年代後半に中国にとって最も有利なピークを迎えることになるでしょう。バイデン政権はたしかにアジアで増強の方向に動いていますが、遅すぎる。日本は防衛支出を増額していますが、そのペースはかなりゆっくりで、習近平が行動を起こすと見られている２０２７年までに、ようやくＧＤＰ比で

2％を獲得できるかどうかなのです。

「決定的な戦域」はアジアである

また、中国はすでに人口動態でのピークを迎えており、のんびり構えていると、自分たちの国力のピークを逃す可能性があります。だからこそ早く動かなければならないと焦って行動するかもしれません。

その典型が、1939年のドイツです。この当時のドイツ軍の上層部は、連合国側に対して軍事行動を起こすことに賛成ではありませんでした。ところがヒトラーは、「今やらなければ我々の優位性は低下する」と、残念ながら正しい判断を下しました。この点に関してだけは、ヒトラーは「合理的」な評価を下していたのです。

習近平は、いわゆる「マルクス主義者」ではありません。共産主義を世界に広めて格差をなくそうとするためではなく、台湾併合を自分の「遺産」にしようとして賭けています。

つまり、私のメッセージ、とりわけ日本にも呼び掛けたいのは、**我々は「決定的な**

戦域」において軍事力増強にもっと真剣に取り組まなければならないし、中東やウクライナに目を奪われるのではなく、アジアに集中しようということです。

ロシアがウクライナに対して行っていることはたしかに「悪」以外の何物でもありません。しかしながら、世界中の問題をすべて解決するのは不可能です。ロシアへの対抗パワーとしては、ＮＡＴＯをはじめとする欧州諸国があります。欧州経済はロシアの経済規模よりもはるかに巨大です。また、太平洋においてアジアの同盟国たちが持っている軍事的能力は、欧州の同盟国たちが持っている対ロシアの軍事能力よりもはるかに少ないのです。この事実こそ、私が伝えたいメッセージです。

拒否するためにはなんでもやる

私の分析モデルは、習近平の頭の中を教えてくれるわけではありません。私が言えるのは、習近平が現在進めていることはすべて戦争の準備につながっているということだけであり、戦争に踏み切ることに強い合理的な理由を持っているということです。

習近平は奇襲をしたいと考えているはずです。特に海を越えて侵攻を開始するのであれば、奇襲が必要になってきます。これはまさに日本が１９４１年12月６日（真珠湾攻撃の前日、現地時間）までアメリカと交渉していた状況と同じです。状況を全体的に見たときに、当時と同じ危険があるということなのです。

そういう意味では、アメリカ政府は、それが共和党政権であれ民主党政権であれ、いつ侵攻が起きてもおかしくないと想定するべきです。我々はタイタニック号のように氷山に向かっているのだから、他のことは後回しにして、とにかく氷山を見逃さないようにすることが大事でしょう。

私が提唱する「拒否戦略」は、何か特定の作戦コンセプト——たとえばアメリカ海・空軍が共同で策定した軍事コンセプト「エアシー・バトル」のようなもの——を推奨しているわけではありません。エアシー・バトルはたしかに台湾を守るという点ではいいかもしれませんが、そうした議論を繰り返すことは、アメリカが中国本土に攻撃を仕掛けることが示唆されているため、戦争がエスカレーションすることについての考慮がなされていないと思います。

私が言いたいのは、現時点において中国の軍事的能力が非常に高まっており、軍事力行使への機運も高まっているということです。そのためには我々は最も危険度の高い台湾侵攻に絞って複数の軍事作戦のコンセプトを複合的に考える必要があります。
拒否戦略が伝えようとしているメッセージは**「侵略を拒否できるようにする必要がある」ということだけ**です。それは海峡から来るかもしれないし、陸上かもしれないし、継続的なものかもしれない。拒否戦略を遂行する上で、我々は潜水艦だけに頼りたくないし、航空機だけに頼りたくもない。スタンドオフ・ミサイルだけに頼りたいわけでもないのです。その手段は問いません。とにかく使える手段はなんでも使う。いくつもの手段を重ねることによって侵略を拒否するのが目的です。そうすることができれば、中国はいまの軍事的優位性によって台湾を圧倒することは難しくなります。

目的は手段ではなく「拒否」である

私が心配しているのは、中国に対して我々には限定的な手段や理論しか存在しないことです。たとえば中国には近接性、位置、数、決断力、再構成能力などの利点があります。ところが我々はスタンドオフ対艦ミサイルと潜水艦だけに賭けているような状況です。

たとえば太平洋では地上戦力は関係ないと言う人がいます。私は、それは全くの間違いだと思っています。なぜなら、アメリカは沖縄や硫黄島で、あらゆる戦力を駆使して地獄のような戦いをしてきたからです。

これを直接的な歴史のアナロジー（類推）としては使えませんが、それでも米海兵隊、日本の自衛隊、フィリピン軍、対艦ミサイル、対空ミサイル、陸上攻撃など、さまざまな種類のものを持ち、準備万端で活動できる部隊があれば、それは中国にとって本物の難問を突きつけることになります。

ここで私が議論したいのは、中国に対峙するためにどれが良い手段なのか、特定の兵器システムなどを推すことではありません。ハイテクなものでもいいでしょうが、もしかしたらローテクでもいいかもしれない。我々は中国の侵攻を弓矢で撃退できるかもしれないわけです。とにかく「拒否」に資するものであれば何でもいい。どの手段が良いのかは他の人々が決めていただいても全くかまいません。私はとにかく「中国の覇権を拒否すべきである」という立場です。

冷戦時代では、ソ連を可能な限り拒否する必要がありました。そして、アメリカはその目的のために、さまざまなコンセプトを持っていました。後に湾岸戦争でイラク軍に対して使われた「エアランド・バトル」などもそうですし、相殺戦略（オフセット・ストラテジー）や、新しいテクノロジーに関する議論は、すべてソ連の覇権を拒否するために議論されていたということになります。

そのような細かい「手段」の話について議論することは私の役割ではありません。私が議論しているのは、大戦略から軍事戦略にかけてのレベルの話なのです。「私のプランはアデン湾で中国の船を沈めることです」とか「ミサイルで上海を攻撃するのがよい」というのは、あくまでも戦術レベルの手段です。私は「拒否」というフレームワーク、戦略を提供していると考えていただければよいでしょう。

第2章

「拒否戦略」はこうして生まれた

私のライフヒストリー

「拒否戦略」を理解していただくバックグラウンドとして、私自身がどのような経歴をたどり、いかにして戦略家となったのかというライフヒストリーを簡単に述べておきましょう。

私は1979年にシンガポールで生まれました。生後すぐにニューヨークのブルックリンに戻っています。父親は銀行員だったため、仕事の都合で1986年に日本に移住し、6歳から13歳まで麻布にある西町インターナショナルスクールと、調布にあるアメリカンスクールに通いました。その後、1993年からわずかな期間を香港で過ごしています。そのため、日本やアジアには少しだけ馴染みがあります。

ニューヨークに戻った後は、ハーバード大学に進学しました。専攻は歴史です。政治関係の理論や前近代史、欧州史、さらには中国史などを勉強していました。これらの知識は私の戦略観を育《はぐく》むのに良い影響があったと思います。

私は歴史家ではありませんが、歴史は理解しているつもりです。そのため、戦略を立案するときに歴史のアナロジーもよく使います。ハーバード大学で印象に残っている教授はとくにいませんが、『文明の衝突』で有名なサミュエル・ハンチントンのクラスはいくつか受講し、彼とは親交を持たせてもらいました。

ハーバードを卒業したのは２００２年ですが、前年には「９・11」同時多発テロ事件が起きました。９・11は、やはり私にとっても大きな事件でした。最初に感じたのは怒りです。ニューヨークは私の地元ですし、当時は兄弟がワールドトレードセンターで働いていた関係もあったので、全く他人事ではありませんでした。

私はその前後から連邦政府機関で働いていました。大学生の時からインターンをしたり、２０００年のブッシュ候補（息子）の大統領選をスタッフとして手伝ったこともあります。当時のブッシュ氏は抑制的な対外政策を追求していて、後のネオコン（新保守主義）のような中東政治を民主化するような政策はまだとっていませんでした。ブッシュ政権では4年間働きましたが、彼らの価値観には共感できていませんでした。

イラクにも国務省の職員として3カ月ほど駐在したことがあります。バグダッド市の行政機関を支援するための要員でした。

実は、私はイラク侵攻に反対していました。私の友人のニューヨーク・タイムズ紙の保守系コラムニストであるロス・ドーサットは私のことを、「イラク戦争に反対した数少ない人間のうちの一人」と書いたことがあるくらいです。

帰国後は、諜報機関の改革を手伝うことになり、なぜ政府がイラクに関する情報を読み違え、大量破壊兵器があると勘違いしていたのかを調査したり、ジョン・ネグロポンテが国家情報長官室（Office of the Director of National Intelligence）を立ち上げたときにスタッフの一人として数年働くことになりました。その後、弁護士になろうと思い、イェール大学の法科大学院に入学するのですが、すぐに自分には向いていないことがわかりました。

そこからさらに国防・防衛関係の分野の議論に参加することが多くなり、抑止力を復活させることや、ブッシュ政権の対外政策を批判する記事などをいくつか書いています。また、核戦略の議論や、核戦力に関する議会の委員会などにも参加したりしていました。そうしたなか、ランド研究所でも短期間働いていたことがあります。

2009年に国防総省（ペンタゴン）に移ると、新戦略兵器削減条約（新START）のロシアとの交渉チームの一員として加わり、スイスのジュネーヴで交渉しました。ペンタゴンでは、その条約の批准までを支えるスタッフとして1年間働きました。その頃から核の問題にかなり関わっていました。

ところが、当時はすでにオバマ政権、つまり民主党政権になっていたので、政府から離れてシンクタンクで合計7年間、エアシー・バトルや中国に対する戦略を議論していました。最初は「海軍のランド研究所」との異名を持つ「海軍分析センター」（CNA：Center for Naval Analyses）、次に「新アメリカ安全保障センター」（CNAS：Center for a New American Security）に移りました。ここは民主党寄りのシンクタンクなのですが、当時所長だったロバート・ワークが非常に尊敬できる人物だったので一緒に仕事をすることにしたのです。彼の視点は私のものと近いですし、彼は民主党員ではありましたが、リアリストであり重鎮《じゅうちん》でした（彼は『拒否戦略』の推薦文も書いてくれています）。

しかも当時の共和党の対外政策は、まだネオコンたちに支配されていたような時代でしたから、ＣＮＡＳのほうが居心地がよかったと言えます。その後、ロバート・ワークはペンタゴンに移りましたが、私はＣＮＡＳに残って経験を積みました。

国家防衛戦略の起草に携わる

トランプ政権が始動した２０１７年にペンタゴンに戻り、マティス国防長官の下で国防戦略をまとめる任務につきました。そこで得た肩書は「国防長官付きの戦略・戦力開発担当」というものでした。私が主に担当したのは防衛戦略、つまり国家防衛戦略をまとめることとです。

このとき私は米国の方針転換――大国間競争へのシフトや、「中国第一主義」に焦点を移すこと、そして対反乱戦や対テロ戦から離れて軍備においても優位を保つこと、軍備の再構成、大国との戦争に焦点を当てた軍の構成方法にシフトすること――を提言したのです。

これを書くまでのプロセスは膨大なものでした。私が必要だと思う理屈立てや、中間報告をしたり、論拠やカバーしなければならないトピックを集めるのが重労働だったからです。それでも最終的には意義のある戦略にまとめることができたと自負しています。その過程では強烈な議論が行われましたが、最終的にマティス長官がわれわれの側についてサインをしてくれました。

私がそこで目指したアメリカの戦略変更は、ありがたいことにすでに現実となっています。それは実際の米国防総省の戦略のシフトです。私が手掛けた戦略文書は、それを実現する一翼を担ったものとも言えます。

そして、任務が終わると、私はペンタゴンを離れることを決意しました。もうそこには私の仕事は残っていませんでしたし、外で自分の主張を訴えるほうが世間にインパクトを与えられると思ったからです。チームとの関係もよい状態で退職できて幸運でした。2018年の中頃のことです。

中国の脅威を最初に感じたとき

振り返ってみると、アメリカの最大のライバルが中国になると考え始めたのは、2010年頃でしょうか。もっとも、中国の脅威をうすうす感じ始めたのはそれよりも前の時点ですが、その方向性に不気味なものを感じたのは2010年前後です。軍事力はとてつもないペースで拡大しており、その頃から専門家たちの間でも本格的に中国の脅威が議論され始めたのは特筆すべきでしょう。

私の「拒否戦略」の概要が固まったのは、その頃からです。なぜなら中国の脅威は高まっているのに、われわれはその状況に明らかに対処できていないままだったことに気づいたからです。戦略文書をまとめた当時は、まだヨーロッパに対する態度は曖昧《あい》《まい》でした。ところが2018年から2024年現在までの6年というのはやはり長い時間です。そしてその合間にも、われわれは何も対処できていません。むしろゆるやかに態勢《たいせい》をシフトさせるチャンスを逃してきたと言えるでしょう。そのために、2018年になって、劇的なシフトをするしかない状況に我々は追い込まれたのです。

そうしたなかで、2022年にロシアがウクライナに侵攻しました。すると、「すべてを欧州正面にシフトせよ！　ウクライナを助けるためにすべてをかけろ！」という声がアメリカ政府内で高まりました。

こうした声に対する私の立場は「それは間違っている」、「ウクライナ問題に目を奪われずに、台湾問題に集中しろ」というものです。私は戦争が始まる直前にウォール・ストリート・ジャーナル紙のインタビューでも同じことを答えています。もちろん台湾だけが最重要課題というわけではないですが、**アジアから目を離すな**ということです。

私はこれと同じ議論を、2019年の同紙でも行っています。当時は「核開発を進めるイランを軍事的に叩け！」という声が高かったときでしたが、私はこれに異を唱えました。その理由はもちろん、イランよりもアジアのほうが重要地域であり、中国の軍拡のほうがより喫緊《きっきん》の課題だからです。これは別の地域の話でも同じです。たとえば誰かが「ベネズエラに戦争をしかけよ」と言っていたとしても、私は反対するでしょう。そこは重要じゃない。アジアに集中しようということです。

シンクタンク「マラソン・イニシアチブ」を立ち上げる

ペンタゴンを辞めた直後から、著書『拒否戦略』の執筆にとりかかりました。もちろんペンタゴンで防衛戦略をまとめることは人生において最も重要なことだったかもしれませんが、それでも議会やエリートたち、一般の国民、そして同盟国と敵国、または潜在的な敵に、理解させる作業も必要です。ペンタゴンで戦略を書くことはこれらの作業のうちのたった一つのことでしかないのです。

一方で、一時的にCNASに戻り、そこでしばらくのあいだ私は考えた末に、いま所属しているシンクタンク「マラソン・イニシアチブ」を立ち上げました。新たなシンクタンクを創設したのは、もともと今のビジネスパートナーであるウェス・ミッチェルと何年も前から一緒に何かをやろうと話していたこともありますが、端的にいえば、自律性が欲しかったのです。

というのも、ワシントンDC周辺のシンクタンクは非常に現状維持的なところがあったからです。彼らは本来なすべき核心的な役割、つまり戦略的分析から向かうべき方向性を厳密に見極め、そのうえで自由に発言するようなことをしていませんでした。これは政治的な力学や社会的な事情、そして資金のソースなどの事情によるところがあるので仕方ないといえば仕方ないでしょう。

私はこれを「誰かが腐敗しているからだ」と指摘したいわけではありません。私が欲しかったのは自分のプラットフォームであり、たとえばＣＳＩＳ（戦略国際問題研究所）所長のジョン・ハムレにわざわざ「これを言っていいですか？」とおうかがいを立てるようなことはしたくなかっただけです。

マラソン・イニシアチブは２０１０年くらいからワシントンの共和党の対外政策に関わり始め、現在所属している人々はすべてその頃からの知り合いです。前述したミッチェルとヤクブ・グリギエルは『不穏なフロンティアの大戦略』というすばらしい本を書いています。私は彼らを非常に尊敬していますし、最も根本的なものの見方が共通しています。ともに「愛国者」であると言えますし、保守的なところも共通しています。戦略、地政学、そして歴史を強く強調するところも似ています。

マラソン・イニシアチブに所属する人々に共通するのは、戦略というものを真剣に考えている点です。そして歴史的な知識というものが戦略を考える上で死活的に重要であると捉えています。また、戦略に関する議論すべてをオープンにして世界の現実に真剣に向き合うという点も同じです。

これらの点が、既存のシンクタンクのような非常に細かいというか、テクニカルな狭い分野のことを語るのとは決定的に違うところです。私は「本当の戦略とは何か」ということを論じたかったのです。会社が経営においてどのような戦略を持つのかということと同じで、これを国家レベルで語りたかったわけです。

もちろん私とウェス・ミッチェルはそれぞれ独自のことを言っています。それで構わないのです。マラソン・イニシアチブでは異なる視点も歓迎しているため、共通した政策のポジションを持つようにはデザインされていません。したがって、我々の意見は異なることもありますが、戦略を重視するという点では根本的に共通しているのです。

また、このシンクタンクには戦略家のエドワード・ルトワックと、前章でも登場したマット・ポッティンジャーも所属しています。これも似たような視点を持った人々との関係を重視した結果です。ルトワックは現役最高齢の最も有名な国防戦略家ですし、従来の思考の枠組みパターンなどから外れたような戦略を堂々と提案できる唯一無二の存在です。もちろん私は彼の意見にすべて同意するわけではありませんが、そこは重要ではありません。彼は歴史を戦略に使用する「名人」であると言えるでしょう。

マット・ポッティンジャーと私はペンタゴンにいるとき、よく一緒に国家安全保障会議で仕事をした経験があります。ウクライナとの関係などにおいて私は彼と意見を異にしていますが、ここでも共通しているのは同じ視点を押し付けることはないということです。

他にも顧問に、『バルカンの亡霊たち』などで知られるジャーナリストのロバート・カプランがいます。彼とはCNASで一緒に仕事をしましたし、『拒否戦略』の推薦文も書いてもらいました。彼のような人間のアプローチこそが我々が参考にしたいと思っているものです。

冷戦のアナロジーは無意味である

近年においては、米中の対立を冷戦の歴史と比較して論じる人が多くいます。2022年に刊行された『デンジャー・ゾーン』の著者である、タフツ大学のマイケル・ベックリーとジョンズホプキンス大学のハル・ブランズはその典型です。

ただし、私はこのような冷戦を使ったアナロジーは好みません。なぜ冷戦の喩えを使うのがふさわしくないのかといえば、それは歴史が常に不完全なものであるからです。また、私が考える冷戦アナロジーの最大の問題は、それが紛争につながらない長期に渡る低強度の戦いを想定しているからです。

現在直面している中国との冷戦は、いつ「熱戦」に変わってもおかしくありません。これが「冷戦」であると私たちはいま自信を持って言えるような状態にあるでしょうか。

そもそも、冷戦時代を振り返ってみれば、我々は当初はこれが「冷戦」になるとは誰も想定しておらず、むしろ「熱戦」になると思っていたのです。もし、「冷戦」という枠組みを使えば、長期的な競争になったり、そこには影響圏による棲《す》み分けがあったり、直接的な軍事衝突は起こらないという考えを人々に植え付けてしまいます。ところがこれは決定的な間違いです。なぜなら、われわれは「軍事衝突は起こらない」と確証を持って答えることができないからです。

ここで勘違いしないでいただきたいのは、私は「中国との戦いは必ず熱戦になる」

と言っているわけではないことです。私の主張は「冷戦になるという想定はできない」というものです。過去の冷戦は、「結果的に、冷たいままで終わった」ということであり、それが最も重要なことです。

このように考えると、冷戦になぞらえるアナロジーにあまり意味がないことが理解していただけるでしょう。冷戦アナロジーが最も有用になるとすれば、冷戦下における軍事的な領域の問題だけです。そこでは基本的に戦争が冷戦のまま続くとは想定されていませんでした。**結果的に、そこで採用された軍事戦略によって、冷戦が冷たいまま続くことになった**わけです。だからこそ、当時の軍事戦略が我々にとって非常に重要な意味を持っているのです。したがって、私たちは冷戦時代の軍事的思考に戻る必要があると思います。

冷戦時代には、私たちは戦争が勃発《ぼっぱつ》することを想定し、その抑止のために真剣に取り組んできました。それと比べて、今日の軍事戦略的な議論や一般国民の間での議論のあり方が、冷戦時代のそれと比べていかに劣っているかにショックを受け続けています。1960年代から80年代に期待されていた高度で専門的なレベルとはまったく違ってしまっています。

今日では、非常に漠然としたうわべだけの美辞麗句《びじれいく》が多く見られます。冷戦時代にはありえなかったことです。冷戦期に人々は兵器システムをよく知っていました。もちろん私は皆が技術的な専門家になれとは言いませんが、それでもかつては、軍事の専門家でなくても、特定の兵器システム、たとえばパーシング2、地上配備型のMXミサイル、センチネル・ミサイル、リフォージャー演習（NATOがワルシャワ条約機構に対する大規模な通常戦争を想定して行った軍事演習）などについて議論していました。

今日、軍事的な議論が政治に与える影響度は限られています。しかし、当時は国民的な議論のように行なわれていました。大統領もこのようなことを話題にしていましたし、たとえばロバート・マクナマラ、ジェームズ・シュレジンジャー、ハロルド・ブラウンといった錚々《そうそう》たる国防長官たちが行った演説を振り返ってみると、彼らの演説は非常に具体的で、核戦争がどのようなものになるかについて現実的に考えていたことがわかります。キャスパー・ワインバーガーでさえもそうでした。

ところが、現在のロイド・オースティン国防長官は「ルールに基づく国際秩序」や、我々がどのようなアメリカであるべきかなど、曖昧なスピーチをしています。

イデオロギーからナショナリズムへ

冷戦時代、米ソ競争は明らかに大国間競争であったと思いますが、忘れてはならないのは、そこには強烈なイデオロギー的な対立も色濃く反映されていたことです。しかし、現在の米中競争はイデオロギー対立ではありません。

たしかに中国共産党は観念的には共産主義ですが、実際にはマルクス主義を輸出しようとはしていません。私は2023年にシンガポールで開催されたシャングリラ会合に出席し、当時の中国の国防相の演説を聞きました。彼が共産主義やマルクス主義に言及したのはたった一度だけであり、それは中国共産党が「中華民族の偉大な復興」のために必要であるという文脈でのことでした。つまり本質的には彼らの関心事はナショナリズムだったのです。

そして冷戦期とのもうひとつの違いは、冷戦が始まる頃には、ヨーロッパや北東アジアなど世界の工業の中心地が第二次世界大戦で破壊されていたことが挙げられます。つまり、アメリカはその時点で世界最大の、そしてほとんど無傷の経済大国でした。イギリス、フランス、ドイツ、イタリア、そして明らかにソ連自体も、程度の差はあれ破壊されていました。もちろん日本は言うまでもありません。

このような世界において、アメリカは独特な役割を果たさなければなりませんでした。当時のアメリカは世界のＧＤＰの半分以上を占めていたからです。その後に世界の国々が再建されたわけです。その典型的な例が日本であり、マーシャル・プランが適用された西ドイツでした。

また、冷戦時代から我々が学ばなければならない考え方の分野の一つは、指導層の戦略的リアリズムです。代表的なのはドワイト・アイゼンハワーやリンドン・ジョンソンですが、彼らは同盟国に対し、負担と責任を分かち合うために必死に迫っていました。

アメリカの現在はベトナム戦争後に酷似

先にも述べたように私は、冷戦とのアナロジーはある種の思考の枠組みを規定するべきではなく、選択的に使う方が良いと思っています。

中国をめぐる現在の状況を過去になぞらえるとすれば、19世紀後半から20世紀初頭にかけてのドイツの台頭に似ているかもしれないと私は考えています。もちろんそれも完璧な喩《たと》えではないことは繰り返し述べておきます。私はこのようなアナロジーと合理的な推論を混ぜて議論をすることが多いです。

アメリカでは現在の国際社会の状況を「第二次世界大戦前夜の１９３０年代や40年代に近い」と言っている人も多くいます。ただし、これも間違っていると思います。アメリカでよく聞くのは、現在が、ヒトラーの領土要求を認めてしまった１９３８年のミュンヘン会議の時と同じだというものや、ソ連のアフガン侵攻の後の１９８０年と同じだという二つのアナロジーです。

ところが、私の考えは違います。たしかに１９３０年代の情報は役に立つかもしれませんが、それでもそのまま比喩《ひゆ》として使えるとは考えていません。ネオコンの代表的論者として知られる歴史家のロバート・ケーガンも似たようなことをウォール・ストリート・ジャーナル紙に書いていたことがありましたが、これは失敗だったと思っています。彼はアメリカと中国の経済力の差が、連合国と枢軸国の経済規模の差よりも相対的に大きいと述べたのですが、これは間違いです。大英帝国と同盟を結んでいた頃はもちろん、アメリカは単独でもドイツ、イタリア、日本より大きな経済規模を誇っていました。ところがいまは違います。

もう一つ、私の好きな歴史のアナロジーはもう少し的を絞ったものです。それは、現代アメリカの雰囲気がベトナム戦争後、つまり国民が戦争にうんざりしている1970年代後半の時代と似ているという点です。

1978年は、対外政策のエスタブリッシュメントの人々の評判は地に落ちていました(その後、冷戦に勝ちつつあった1985年頃には国家安全保障問題に関わる人々の評判は高くなりましたが)。なぜなら彼らこそが、我々をベトナムに追い込んだという意識があったからです。

いずれにしても、今日、国家安全保障に関わる人々の評判は、ベトナムの頃に近づいていると言えるでしょう。アメリカ軍は20年間もイラクとアフガニスタンにいたわけですが、結局のところ、どちらも成功したとは言えません。つまり、コストに見合う成功ではなかったということです。

また、ベトナム戦争当時のソ連も少なくとも軍事面では台頭していて、現在の中国に当てはまりそうです。そして同盟国たちはそれに立ち向かう必要があり、１９６９年のニクソン・ドクトリンが出てきたような状況と言えばいいでしょうか。

ただし、私は中国がソ連のように崩壊するとも思っていません。中国はよりオープンな競争経済であり、基本的に市場主導の競争経済です。中国が経済的な問題を抱えているのは明らかですが、アメリカも日本も経済的問題を抱えています。

中国にゴルバチョフが現れたら？

したがって、中国をソ連と比較したり当てはめたりするのは間違っていると思います。前章でも述べましたが、中国の方が、ソ連よりもはるかに大きな脅威だからです。「冷戦モデル」のもうひとつの問題点は「中国が将来的に、ある時点で崩壊する」という仮定を与えてしまうことです。もちろんこれは起こるかもしれません。しかし、私はそうなるとは考えていませんし、政府としても中国の崩壊を期待した政策を行うべきではないのです。

習近平が最も恐れ、最も警戒しているのは、まさにゴルバチョフのような人物が中国国内で台頭してくることです。アメリカでは共和党員の多くが「ゴルバチョフの台頭が冷戦勝利における決定的なことだった」と言っています。もちろん、アメリカの「力による平和」という政策も正しかったのかもしれません。ともあれソ連は最終的に自滅したといえます。

もし1991年にクーデターが起きず、リトアニアの独立に反対していたゴルバチョフが再びソ連のトップになってリトアニアの国民を射殺しまくっていたら、ソ連は崩壊しなかったかもしれないのです。ソ連の崩壊は、ある意味で「自主的」なものだったと言えるでしょう。「自主的」という割にはかなり往生際の悪い形かもしれませんが、選択肢が少しでも違っていたならば、ソ連崩壊よりも違った結果になった可能性は当時はいくらでもありました。つまり、もう少し賢い選択をして、宥和《ゆうわ》的にはならず、厳しい態度をとっていたら、まだソ連はいくらでも延命のチャンスはあったということです。

ただし絶対に忘れてはならないのは、ゴルバチョフ登場以前にあったアメリカの軍備増強とソ連への圧力、そして同盟関係の重要性です。それらはソ連崩壊を可能にする不可欠なステップだったと言えるでしょう。ソ連崩壊については興味深い話があります。当時の国務長官だったジョージ・シュルツに、私は何度か会う機会がありました。ある時、私は彼に、なぜ冷戦があのように終わったと思うか、尋ねました（この質問はおそらくあと何千年にわたっても問われ続けるでしょう）。シュルツの答えは、「ソ連はアメリカが再び成長し、自信を取り戻したのを見たんだ。そしてアメリカは西ドイツと日本という世界最大の経済大国を味方につけ、ともに力を発揮していた。そのためソ連は窮地《きゅうち》に陥り、変化せざるを得なくなった」というものでした。その変化に対応しきれず、ソ連は崩壊したというのです。

これを踏まえれば、中国との冷戦において重要なのは、やはり西側の軍備増強と関係の強化だと言えます。

競争戦略は有効なのか

全般的に言って、私は軍事開発における長期の戦略競争のようなものには懐疑的です。たとえば、「空母は長期的に役に立つものであり、相手にコストをかけさせて消耗させる効果が期待できる」と言う人がいます。しかしその効果を評価するのは非常に難しい。さらに言えば、相手にかけさせたコストを試算することもなかなかできません。何を基準とすれば良いのか、誰にもわかりません。軍事開発で最も重要な観点は、「もし戦争が起こった場合に、その時の目標を達成するために何が必要になるのか？」という至上命題に常に焦点を合わせることです。私が望むのは、そのために貢献する軍事力なのです。

しかしながらペンタゴンのような大きな官僚機構では、そのような長期戦略を言い訳にして無駄を放置する傾向があります。日本の防衛省もこの点については同じでしょう。

たとえば冷戦期のアメリカにおいて、B1爆撃機よりも高額でステルス性能をもつ

Ｂ２爆撃機にさらに投資しようという議論がありました。カーター大統領がＢ１を生産中止と決断したことは大きな政治問題となりました。しかし、レーガン大統領に交替した後、Ｂ１の開発を復活させて、結果的にＢ１は１００機以上作られることになりました。すると、長い国境線を持つソ連はレーダー警戒基地を多数作らなければならず、結果的にソ連に多大なコストを賦課することができた――という説が流れるようになりました。

しかし、本当にそうだったのか。私はむしろＢ１よりもＢ２に投資しておけばよかったと考えています。なぜなら、Ｂ２は高額とはいえほんのわずかな数（21機）しかないからです。もっともＢ２開発計画が頓挫《とんざ》したのは、冷戦が終わったという「平和の配当」のおかげとも言えるわけですが。

このような話が出てくると、それに乗じて「私たちは中国にもっと防空施設を作らせるべきだ」と言う人が出てきます。相手により多くのコストをかけさせる競争戦略をとればよい、と言いたいわけです。しかし問題は「本当にそのような戦略的効果があるのか、どうやって判断するんだ？」という点です。これに関して私はビル・クリントンの言葉（"It's the economy, stupid"）を援用して「シンプルにしろ、アホめ」と言いたい。明確で、合理的で、経験的な基準を適用し、それを使って評価できるようにしなければなりません。

戦争はいつ始まってもおかしくない

1970年代後半から80年代前半にかけて、世界戦争が勃発するのではないかと人々が恐れていました。ただ、当時は国防予算や防衛産業がいまよりも健全で、より多くのことができる状態にありました。だからこそアンドリュー・マーシャルなどは、NATOの大規模な演習として有名なリフォージャー演習のようなものに反対していませんでした。つまり、大規模で即応力の整った軍隊が「エアランド・バトル」のように縦深攻撃を行う訓練をするだけの余力があるわけですから、それによってソ連を抑止できると思われていたのです。私が支持しているのは、まさにこのような軍備増強による抑止なのです。

今日、私たちは戦争がいつ始まってもおかしくないことを想定しておく必要があると思います。2040年について心配するのは無意味です。来年、もしくは2027年までを乗り切れなければ、2040年までたどり着けないからです。クリスマスツリーの飾り付けをしている余裕などないのです。「中国との競争戦略だ！　相手にコストをかけさせろ！」と言っても意味がありません。

もちろん、長期的な戦略が必要であることは否定しません。ただしそれは短期的な危機を乗り越えられるかどうかにかかっています。

私はよく心臓病のアナロジーを使います。いまひどい心臓病にかかっている人は、5年後に心臓発作になるかどうかよりも、来週まで生き残れるかを心配すべきでしょう。長期のリスクを懸念するのは当然ですが、その前に短期のリスクを心配するのが先ではないでしょうか。

テクノロジーだけでは圧倒できない

このようなことを言うと、「ではあなたはどのような兵器システムやどのような作戦計画を推進しているのか」と問われることがあります。私はそれに関してはオープンな立場をとっています。いわば不可知論というか、「**拒否戦略を実現できるのであればどのような方法でもかまわない**」ということです。したがって、そこで使われる兵器の詳細については論じません。そのような議論は兵器のスペシャリストにまかせておけばいいと考えています。

あえて言いますが、もし拒否が実現できるのであれば、私はそれがローテクなもの、たとえば竹槍でも弓矢でもかまわないと思っています。なぜならいま活用されているハイテク兵器も、互いに相殺しあってまったく機能しなくなる可能性だってあるわけです。人工衛星がジャミングされて、通信ができないということもあるでしょう。

もちろん一般的にはハイテクなもの、たとえばドローンや水上無人艇や電子戦機などが効果的だといわれていますが、古いものも馬鹿にはできません。すべてハイテクで装備しろという議論も一理ありますが、ただし相手は世界で最先端兵器を最も多く持っている中国です。ドローンを最も生産している国です。最新兵器だけで戦うことは果たして有利になるのでしょうか？

つまり、我々は最新テクノロジーが使えるところでは使ったほうがいいと思いますが、テクノロジーの質に依存するのは戦略レベルでは無理があると考えています。我々はテクノロジーのあらゆる面で中国を圧倒できるとは考えられません。敵がイエメンのフーシ派だけだったら、テクノロジーで圧倒できるでしょう。ところが相手は中国です。

この点について、私はコロンビア大学の教授で軍事力とその効果について数理的なアプローチから研究していることで定評のあるスティーブン・ビドルに影響を受けたと言えます。彼は「テクノロジーはたしかに重要だが、それでも戦争における決定的な要因にはならない」と論じています。これはウクライナを見れば明らかです。

アメリカも中国も、驚異的な技術を持つ技術大国同士なのです。テクノロジーの優位性は大事ですが、それ以上に大事なのはその使い方です。その古典的な例が第二次世界大戦中の戦車の性能です。当時のフランスとイギリスの戦車は、単体で見るとドイツの戦車よりも優れた能力を持っていたことは有名です。ところがドイツはそれを「電撃戦（ブリッツクリーグ）」において航空優勢と無線通信を組み合わせて活用することでより高い戦闘力を発揮できたのです。

第3章 アメリカだけでは中国を止められない

ゴールは「アメリカの覇権」ではない

この章ではアメリカの根本的な戦略的立場について議論をしてみたいと思います。私のことを「反中派だ、嫌中派だ」という人々がいます。中国共産党の人々がそのように言っていることは偶然ではないでしょう。しかし、私は決して「反中」ではありません。そのため、私は『拒否戦略』の最後の章を、私の基本的なメッセージを中国側に伝えるために書きました。

そのメッセージとは「適切な平和」です。私の考える戦略は、中国に屈辱を与えるための戦略ではありません。ましてやネオコンが標榜《ひょうぼう》する「支配のための戦略」や「レジーム・チェンジを狙った戦略」でもないですし、中国を孤立化させるための戦略でもない。私は個人的には共産主義は嫌いですが、中国共産党を変えようとは考えていません。

このことは個人的に中国人と対面で会ったときでも私は堂々と伝えています。ツイッター（現X）でも表明しています。また、中国が「中華民族の偉大な復興」を実現してもかまわないと考えています。

中国はいくら台頭してもかまいません。ただし、それには条件があります。それは、中国がわれわれに意志を押し付けてくるのを、「反覇権連合」によって防ぐことができれば、ということです。中国はアジアで覇権国にならなければよいだけです。

もっとも、それで習近平が満足するのか、私には知るよしもありません。でも、合理的な中国人であれば「まあ俺たちは金持ちだし、力もあるし、尊敬を集めているし、中国国民は確かに立ち上がった、いいことじゃないか」と言うはずです。それでも中国はアメリカ、日本、台湾、オーストラリア、韓国らとわざわざ戦争をしたいのでしょうか？　中国の復興はAじゃなくてもB＋くらいでもよいのではないでしょうか？

私の立場は明確です。私が「中国」と言う場合、それは国家としての中国政府を指しています。中央政治局常務委員会ではなく、国家としての中国なのです。私は決して習近平が悪だ、ヒトラーだというつもりはありません。私は中国を尊敬しているからこそ懸念しているのです。彼らがどれだけ強力かをよく知っているつもりです。

「中国は崩壊する」という人もいます。しかし私は共産党や中国全体には何が起こるのかはわからないという不可知論的な立場です。東アジアの歴史、そして私自身の東アジア社会での経験や一般的な観察によれば、ある東アジアの社会が近代化と成長の道を歩み始めると、それはかなり目覚《めざ》ましい成長を遂げることがわかっています。

その典型が明治時代からの日本の近代化の歩みであり、第二次世界大戦中にアメリカによって日本が完全に破壊された後でも、日本社会は瞬《また》く間に再建され、世界有数の経済大国になりました。韓国も同様です。朝鮮戦争が休戦した1953年には世界最貧国のひとつでしたが、今では世界でも裕福な国のひとつです。台湾もまったく同じで、しかも中国人がその民主的な社会をつくりあげています。

その意味で優先すべき順位は、まずは物理的な安全を確保することになります。これはアメリカだけでなく、どの国にもあてはまることでしょう。さらに、OECD諸国のような先進国では、「生き残り」以上の、自由や経済的な繁栄の提供も政府に期待されています。人々は自由でありたいと願っているが、同時に仕事も欲しいと思っている。そして、もし可能であれば経済的な安定もある程度望むことになります。したがって、アメリカの対外政策は、このような基本的なことを包括して目指さなくてはいけません。

私に言わせれば、「平和」や「安定」は、実は安全と自由を確保するという目的のための手段に属するものです。

たしかに平和は良いことです。平和を希求することはある意味で政府の「義務」とも言えるでしょう。「平和」は、あなたの核心的な利益が守られる限りは良いものだし、追求されるべきものだと思います。ところが、他国があなたたち国民の核心的な利益を脅かしている場合はどうでしょうか？　政府がこのような状況において、それでも平和を求めるのであれば、それは逆に「道徳的ではない」ことになります。むしろここで政府の「道徳的な立場」は「平和の追求をやめて、安全と国民の利益を守ること」になるはずです。

安全、自由、そして繁栄を目指すために必要なのはバランス・オブ・パワー（勢力均衡）です。これは自由や繁栄を持続可能な形で獲得するための方法です。

これとは逆の立場が、ジョン・ボルトンやロバート・ケーガンのようなネオコンと呼ばれる人々が主張する、「アメリカはジャングルを平定しなければならない」という発想です。これはアメリカが「グローバルな覇権を目指す」ということです。

後に詳しく述べますが、私はネオコンの主張が正しいとは思いません。例えば冷戦時代にソ連と対峙していた頃は、残念ながら世界の半分はマルクス主義の専制政治の下で奴隷のような状態で生きていました。一方で、アメリカをはじめとする西側諸国の生活はかなり安全で、自由で、豊かでした。そしていくつかの問題も解決することができていたわけです。したがって「アメリカの安定のためには圧倒的な世界覇権が必要だ」というのは、客観的に見ても真実ではないと考えます。

私の考えでは、世界覇権を追求することは、アメリカの安泰にとってまったく逆効果です。敵を無駄に増やすだけで、リスクを増やすことにもつながるからです。私はこれがアメリカ国民の生活を脅かすという点でも不道徳なことだとさえ考えています。ネオコンのような発想ではなく、クラウゼヴィッツ的な考え方から始めなければなりません。つまり、目標と手段と方法を一致させるべきだということです。

アメリカの戦略の目的は安全と繁栄を求めることであり、フランス革命を世界に広めることではないのです。また、トロツキーが目指していたような、世界に共産主義革命を広めるというものでもありません。ゴールはあくまでアメリカの安全と繁栄と自由です。

中国が民主化しても覇権国家の体質は変わらない

バランス・オブ・パワーは、孤立よりは積極的な目標ですが、グローバルな自由主義の覇権よりはやや消極的な目標だと思います。そしてこれは道徳的でもあるというのが私の主張です。

これはいわゆる「ネオコン」的な立場とは違います。私はネオコンではない。その点についてははっきりとさせておかなければならないと思います。ネオコンとは「新しい保守主義」という意味ですが、実際はリベラルです。彼らは恒久的な平和が実現するのは、全世界のすべての国がリベラルな国になった時だという立場なのです。しかし、「君主制をすべてつぶせば平和になる」ということはありえないわけです。

私はリアリストであり保守主義者です。それはどういう立場かというと、「私は共産主義は大嫌いだが、それでも中国人とは共存はできる」というものです。中国が国益を追求していることを理解しつつも、「他国に迷惑をかけなければ構わない」というものです。つまり、すべての国々と同意できなくても良いということです。

もちろん自由を尊重する民主的な外国の政府の存在は、アメリカにとって望ましいと私も思います。ところが現実として世界はそういう国だけで構成されているわけではありません。だったらそれに現実的に対処すべきだと思います。

さらに、私の見方からすれば、**中国が民主化したところで、おそらく今とほとんど同じような対外政策を行ってくる**と思います。また、習近平が掲げる「中国の復興」というスローガンはマルクス主義とは全く関係ありませんし、むしろそれが目指していることとは正反対のものです。

中国は民族主義的な政策を追求しています。ちなみに、1920年代から1930年代の日本も、ほぼ民族主義的と言ってよい制度で運営してきましたし、同時期のドイツも同じような要素を持っていました。

パワーの分布はランダムではない

前述したように、国際政治において基本になる国家の「パワー」とは、経済力です。また、現代社会ではそれを軍事力に転換することもできます。

もちろん1000年前なら満州族やモンゴル人たちは経済力を持たなくても馬などの軍事力を駆使することができたため、草原から出てきて中華帝国を占領することが可能でした。

ところが現代では、そんなことはできません。現代では国家がパワーを持つためには先進的なテクノロジーを持たなければならないわけです。そのためにカギになってくるのが経済生産性です。

第1章でも述べたように、経済生産性の高い地域は世界にランダムに分布しているわけではなく、均等に分布しているわけでもない。アジアの場合は中国を中心に、特に東アジアから東南アジアにかけて集中しています。そして最近では、インドにも集中しはじめています。

北米では、基本的にアメリカです。カナダはアメリカとの国境にGDPが集中しています。それからヨーロッパです。さらに石油や天然ガスなどの関係でペルシャ湾

（中東）にもある程度のパワーが集中しています。ただ、その規模はかなり小さいでしょう。それ以外の地域は基本的にほとんど誤差のような規模しかありません。

これらを踏まえれば、北米、欧州、そしてとりわけアジアを支配することができれば、世界のGDPの80％近くを握ることになります。それだけの富があれば、軍事的な観点からも、より大規模な軍備を構築することができます。

70年前から100年前はヨーロッパがグローバル・パワーの中心でした。というのも、ヨーロッパは産業革命のおかげで特に生産性が高く、また帝国時代の植民地を通じて世界の大部分を支配していたからです（もちろん、アメリカはその中でも例外でした）。

ところが、その状況は変化し、今や私たちの住む世界は変わってしまいました。基本的に日本を除くアジアは、ヨーロッパ人に占領されて搾取され始めるまでに近代化への突破口を開くことはありませんでしたが、現在では、中国、インド、ASEAN、韓国などが、一定の近代化を達成し、経済成長を遂げています。ある意味で、世界の経済活動の中心は、15、16、17世紀にヨーロッパ人が躍進する以前の位置に戻りつつあると言えるでしょう。

そうなると、重要なのはアジア、欧州、北米、そして中東という4つのエリアということになります。もちろん、中東はその中でも優先順位は高くありません。また中東といってもシリアやレバノンなどには天然資源はほとんど存在せず、石油と天然ガスは結局のところペルシャ湾の周辺にしか広がっていないからです。

一方、アフリカは世界のGDPの2％から3％しか占めておらず、ラテンアメリカも4％くらいはあると思いますが、ほぼ「誤差」の範囲です。私はこれらの地域の人間に価値がないと言いたいわけではありません。ところが、世界のパワーの分布という観点から見れば、アジアと欧州を支配できていれば、アフリカに意志を押し付けることは容易になるのです。

ウクライナよりも「アジア・ファースト」

「コルビーは1940年代から1950年代にいたアジア第一主義派の後継者だ」と批判する人もいますが、もし私がその時代に生きていたら、おそらく「ヨーロッパ第一主義」だったでしょう。なぜなら、私のアプローチはデータに基づき「地球上のどこが最も重要か？」を問うものだからです。したがって、現在の私にとってアジアが最優先なのは当然すぎる話なのです。

パワーという観点からみて、アメリカにとってアジアが死活的に重要である、3つの理由があります。

第一に、アジアが世界経済における最大のマーケットだからです。今や世界のGDPで40〜50%を占めています。ここを誰か単独のアクターに支配させることは誰も望んでいません。

第二の理由は、アメリカにとっての最大のライバルが、アジアで50〜60%のGDPを占める中国だからです。

そして、第三の理由は、反覇権連合がアジアにおいて弱いからです。仮に日本の人口が今の5倍あり、パワーも中国とほぼ均衡していたとしましょう。そうなれば、アジアの地域内で自然にバランスが保たれることになり、アメリカはわざわざこの地域に関与する必要がありません。日本が中国に対抗してバランスをとってくれるからです。ところが、現実はそうではないわけです。中国と比べて日本はパワーのシェアが劇的に低下しています。ましてや日本以外の国々は非常に弱く、台頭著しいインドでさえ中国には遠く及ばない状態です。

つまり、アジアは最大の市場地域であり、中国はアメリカの最大のライバルである、そして潜在的なバランサーである反覇権連合が非常に弱く点在している、ということです。

この3点をヨーロッパと比較してみましょう。

第一にパワーの面ではヨーロッパの重要性はアジアに比べて低いです。ヨーロッパは今後10年間で世界のGDPにおける割合がいまの20％弱の状態から10％以下のレベルまで劇的に落ち込むでしょう。この点はとりわけ戦略という未来の話をする場合には重要になってくる話です。

第二は、この地域の覇権を主張しうるロシアが中国に比べてはるかに弱いということです。ロシアの経済規模は中国の8分の1しかありません。

第三に、ヨーロッパの反覇権連合の構成諸国は、ロシアに比べてはるかに強いということです。購買力平価（ＰＰＰ）だけで見ても、ドイツ単独でロシアよりも経済規模は大きいのです。欧州の他の多くの裕福な国々と規模をあわせたら太刀打ちできません。そういう意味でいくつもの抑止力が利いている状態です。

中東はさらに規模が小さい。ちなみに、イランは、中国やロシアの数十分の一の力しかありません。

「ウクライナを優先すべき」という主張がありますが、私はそれには同意できません。論理的に考えて、私の視点からアプローチすれば、ある時点でアジアが優先されなければならないということになります。私の主張は「軍事情勢が非常に緊迫しているので、今すぐにでもアジア優先で行動しなければならない」ということです。しかもそれはすでに遅すぎるとも言えるのです。

ネオコンの主張は妄想である

最近では、いわゆるネオコンの間で、アメリカは世界覇権国になれるという主張があります。私は個人的にはこれは一種の妄想だと思いますが、その論拠として挙げられるのが、アメリカのGDPは世界の約25〜26%だからということがあります。

これも第1章の繰り返しになりますが、とりわけ地政学や軍事力を測定する場合、市場為替レートを使うのは適切な方法ではないと思います。たとえば人件費や軍事費は米ドルで決済されるわけではなく、現地通貨建てであることが多い。これは中国を見ればおわかりだと思います。武器や軍事物資もドル建てではなく現地通貨で購入されていますし、貿易もドル建てでやっていない部分もあるからです。また、ドルのコストも段々と上がってきています。

そのため、軍隊のインプットに対するアウトプットを経費の面から見ると、中国は支出に対してかなり多くのものを得ていることになる。だからこそ、パワーを比較するには購買力平価で計算する方がいい。これだと軍事力の規模も現実的に計算できます。

また工業力のような指標も役に立つと思います。たとえばアメリカの富の多くはテクノロジー企業の時価総額にあります。ところが、もし戦争が起こったら、私たちはそれらを活用できるでしょうか？

具体的な例で考えてみましょう。アメリカではリンクトイン（世界最大級のビジネス特化型ＳＮＳ）やスナップチャット（登録した個人やグループに向けて画像などを投稿するＳＮＳ）のようなアプリを運営している会社が大きな資本力を持っていて、しかもアメリカの経済全体の活力に貢献していることは間違いありません。しかし、それが戦略的、つまり「軍事力」も含めた総合力で中国に勝ることになるでしょうか？

逆に中国は市場資本の価値こそ低いものの、多くの鉄鋼生産や造船能力を保持しています。造船能力だけを見ても、アメリカの２００倍の規模です。

いかにＩＴ技術や金融技術、サービス産業や娯楽産業が発展していても、本当の紛争が起こった場合、その国のパワーに直結するのは昔ながらの製造業、ことに軍事産業の規模です。

さらに言うなら、最近のアメリカの成長の多くは、過去数年間行ってきた莫大な財政支出によるものだということです。そのため、アメリカ政府はＧＤＰ比で巨額の債務問題を抱えており、人為的なドルや価値の問題で赤字を削減することはできないのです。

中国の電力消費量はアメリカの2倍と言われています。つまり、実質的な経済規模が大きいということです。もちろん違う指標を使うこともできるでしょう。購買力平価が完璧だとは思いませんし、中国は経済的な課題に直面しているとも思います。それでも私は中国がまだ経済成長をすると考えています。

そしてもうひとつのポイントは、いかにアメリカが強大であるとはいえ、世界のGDPの約25%を占めているにすぎないという点です。インドはいまなお世界におけるGDPのシェアが上昇し続けていますし、他のASEAN諸国の多くも上昇しています。

その反対に、同盟国である日本は経済規模の減少に直面していますし、これはNATO諸国でも同じです。人口問題を考えれば韓国もそうだと言えるでしょう。

このような事実を踏まえれば、アメリカがもはや国際社会の中で圧倒的な覇権国になれないことは、戦略計画上、非常に明確だと思います。そしてアメリカでは、国防費の大幅な増額を支持する声は基本的にない。今年の大統領候補は、どちらも国防費の大幅増を掲げていないし、アメリカ国民は社会保障やメディケア（高齢者向け公的医療保険）の削減を望んでいません。

つまり、私たちはアメリカが一極状態をつくるのは無理だという事実と向き合わなければならないのです。また、米軍の状態も望ましいものではありません。軍事基地の状態は非常に悪く、それは改善されていません。ですから、私はネオコンの議論には信憑性がないと思います。

問題はＴｉｋＴｏｋではない、軍事力である

今、アメリカでは中国発の動画共有アプリ「ＴｉｋＴｏｋ」への規制が議論を呼んでいます。機微な個人情報などがアプリを通じて中国側に漏洩するとの懸念が高まり、ＴｉｋＴｏｋ禁止法案が可決されました。この法案では、親会社の中国企業「バイトダンス」に対し、アメリカでの事業をアメリカ企業に売却するよう義務づけています。

しかし私は、アメリカの対中戦略という観点から見て、ＴｉｋＴｏｋへの規制は本題とは関係なく、単なる気晴らし程度のインパクトしかないと考えています。ＴｉｋＴｏｋへの対応は、中国からの挑戦にどうアプローチすべきかを誤解しています。

私は基本的に「言論の自由」の支持者です。私は自分の子供にはＴｉｋＴｏｋを見

せないようにしていますが、一律に政府が禁止するのは「言論の自由」の制限に関する懸念を生じさせると思います。

ＴｉｋＴｏｋを禁止したからといって、中国が台湾やその他の国々を侵攻することを抑止できるわけではありません。もちろんＴｉｋＴｏｋなどによるソフトパワーのプロパガンダはそれなりに影響力があるかもしれませんが、それでも軍事力のようなハードパワー（軍事力や経済力などによって相手を強制する力）のバランスに比べるとはるかに弱いものでしょう。

英語ではよく「馬の前に荷馬車をつなぐ」という表現をしますが、要するに順番が逆なのです。まず先に考慮しておかなければならないのはハードパワーのバランスなのです。

もし中国がアジアで実質的な覇権を掌握してしまったら、ＴｉｋＴｏｋのようなアプリを誰にでも押し付けることが可能になります。日本人はＴｉｋＴｏｋを使うよう強制されるでしょう。そして中国は経済規模の拡大によって、西側との経済競争に打ち勝つことになります。

気になるのは、アメリカの下院の「中国共産党特別委員会」(共和党のマイク・ギャラガー議員が委員長、当時)がＴｉｋＴｏｋ禁止法案を提出したことをハイタッチして自画自賛していることです。もともとマイク・ギャラガーは、「太平洋におけるハードパワーの増強のほうが必要だ」との論者だったのですが、それはまだ実現していません。私が危惧《きぐ》している大きな問題のひとつは、ＴｉｋＴｏｋを禁止したことが中国に対する象徴的な対応だと、人々が誤った自信を抱いてしまっていることです。

それが軍事的なバランスに影響を与えないものである限り、実際には問題にはなりません。ＴｉｋＴｏｋが軍事的なバランスに影響を与えないことは確実です。逆に、首脳たちの会合は軍事的なバランスに影響を与えるものです。したがって、ＴｉｋＴｏｋについては、私たちが今持っている乏しい政治的なエネルギーをわざわざ投じるべき問題だとは思えません。

冷戦初期の話ですが、ＣＩＡ(中央情報局)はプロパガンダやソフトパワーに熱心に取り組んでいました。しかし、それはソ連の侵略を抑止するために必要な防衛力を独占するものでも、それに取って代わるものでもなかったことは特筆すべきです。つまり、冷戦時代には、経済制裁やプロパガンダによってソ連を抑止できるとは誰も思っていなかったわけです。

ところが今は、なぜか中国の第一列島線への軍事投資を、西側の経済制裁やソフトパワーのようなもので抑止できるという意識があります。これは完全に間違っています。まずは軍事的なバランスを取ることが先決であり、それから他の手段を講じることがより重要になるのです。ソフトパワーはたしかに重要ですが、それらはハードパワーの代替手段には決してなりませんし、そのような考え方は我々にとって有害であるとさえ考えています。

「世界の海の警察」にはなれない

次に地政学的な議論に移りましょう。アメリカはユーラシア大陸から離れて位置しています。だからと言って、私はマハンの提唱する「海を制する者が世界を制する」というシーパワー至上主義的な戦略が正しいとは思いません。なぜならアメリカの安全を確保するためには、究極的には大陸に対する強制力のようなものが必要になると考えているからです。**やはり誰かに何かをさせるため、つまり意志を強要するには、誰かの顔に銃を突きつける必要が出てくる**のだと思います。そしてそれが陸上の勢力や国であれば、その領土を占領する必要が出てくるでしょう。

さらに、シーパワーつまり海軍力のようなものは、単独ではそれほど意味をなさないと思います。それは通常、「海を制する」という意味であり、「海上封鎖」という方法で行使されることになるはずです。そして、戦力投射のためには空母や海兵隊が必要になったりするわけです。しかし、アメリカが単独でシーパワーを維持して「世界の海の警察」となるのは無理な話です。

パワーの集中するアジアを支配すれば、より大きな規模の海軍、つまり世界の貿易や海の安全を確保するための「シーパワー」を作って世界に影響力を発揮することができます。アメリカは人口の多い「世界島」ではなく、西半球にある「沖合の島」に位置しています。したがって、世界のほとんどの人々が住むユーラシア大陸という陸地に到達して戦力投射できる能力は不可欠になってきます。

アメリカの強みは海軍と商業の分野にあり、しかも民主的な社会でもあるという点にあります。アメリカの歴史は、虐殺や抑圧のような最悪の残虐行為にあふれるユーラシア大陸のどの社会よりも寛大で寛容でした。もちろん建国初期は生き残りの厳しい社会でもありました。ところがアメリカからかつての支配国であるフランスとイギリスが手を引いてからは深刻な脅威はなくなり、寛容な社会を実現できたのです。

一方、ロシアや中国、ポーランドやフランスやドイツ、ベトナムなど大陸にある国家の場合、油断するとすぐに周辺国から侵略されたり占領されたり虐殺されたりする危険性がある。アメリカは英国のように「沖合の大国」（オフショア・パワー）であったため、それらの大陸国家とは条件が違いました。そのような過酷な歴史的背景をもたないことは、アメリカにとっては幸運でした。

ただしこれは、アメリカがアジアで陸上戦をしたがらないということにもつながります。たとえば我々が朝鮮戦争で中国と戦った時、彼らは人海戦術を使って大量の自国民や国民党の捕虜たちを最前線に突っ込ませ、死屍累々の山を築きました。このような戦い方は我々の社会のDNAにはありません。我々はそのような状況に陥りたくないのです。南北戦争の時は殲滅戦のようなこともありましたが、そのような状況ではアメリカの強みを発揮できないのです。

もちろんアメリカにはランドパワー（陸上兵力）も必要ですし、エアパワー（航空兵力）も必要です。また、大陸に対するパワー投射のために、最終的にはランドパワーが不可欠です。だからこそ、海洋大国である我々は、伝統的に力を投射する能力が限られているため、利害が一致する陸上大国と協力してきました。第二次世界大戦ではソ連と、冷戦時代では西ドイツ、そして今日ではインドです。

私の理論のベースとは

私は学者ではありません。基本的に政策の議論に重点を置いている人間です。アイザイア・バーリンは「多くのことを知っているキツネ」と「一つのことを知っているハリネズミ」という対比を有名にしましたが、私は理論が好きですのでハリネズミに分類できるかもしれません。

ただし、私は絶対的で最も簡潔な理論にたどり着こうとしているわけではありません。私は、国が何をすべきか、同盟国はどうあるべきかを考えるのに役立つ、最も簡潔な理論を追求していると言ってよいかもしれません。そうなると、覇権国の軍事力と経済力の関係の重要性を説いたことで有名な元プリンストン大学教授のギルピンがしっくりくるのです。というのは、ギルピンは経済的要因を理論の中に持ち込んでいるからです。彼が言うように、戦争と平和には明らかに変化と移行の問題があります。

それでも私は彼の信奉者だというわけではありません。私が言いたいのは、自分のアプローチがリアリズムであり、大国が攻撃的か防御的かという問題についてもそれは状況によるという考えです。いわば不可知論に近い立場です。それはある種の合理主義的なものであり、経済的な要素も組み込まれたものであると理解していただければいいと思います。チンギス・ハンやフビライ・ハンでさえ、最終的には経済的な手段を講じていたわけであり、しかも現代では経済的な手段は必ず使われるものです。

国家は純粋に領土を獲得することを目的として征服しているわけではありません。究極には経済的なパワーの獲得を目指している部分があります。だからこそ国際政治の動きを説明する理論の中には、純粋な安全保障における「パワー」に関する要素だけではなくて、経済的な要素も統合していく必要があります。攻撃的リアリズムの旗頭とされるジョン・ミアシャイマーの理論には、ギルピンに見られるような経済的なものはあまり見られない。しかし私は彼を尊敬しています。なぜなら彼は合理的な観点から国家を見ることを提唱しているからです。

アメリカ単独では中国を止められない

中国の脅威は、アメリカよりも日本にとってより喫緊の問題であると言えるでしょう。というのも、日本はインドとともに、アジアで最もパワーが集積した国の一つであり、先進的な経済大国だからです。だからこそ「安全な地理経済圏」の確保は必須になります。

逆に中国からすれば、自国の目的を達成するためには日本を中国の影響下におさめる必要が出てくる。これは日本にとって非常に危険な状態になるわけです。

アメリカにとって、アジアにおける中国の地域覇権がもたらす結果はかなり悪いものですが、日本にとっては単に「悪い」というよりも「最悪」なものとなるでしょう。自分たちの価値観や生き方、つまり生活様式の変更を迫られることになるからです。

私がこう予測するのは、「中国が日本に対して過去の戦争に基づく深い敵意を抱いているから」などという憶測によるものではありません。ただ「合理的」に考えれば、中国は日本を支配下に置き、その支配圏の一部としなければならないだろう、という話をしているだけです。これは日本にとって最悪の事態でしょう。

ではアジアにおける中国の覇権拡大をどうやって止めればいいのか。ここでの最大の問題は、アメリカ政府にはそれを行うだけの財政力がなく、率直に言って、それを単独で行おうとする意志も強くないということです。

なぜなら、アジアはアメリカ人たちにとって地球の裏側にある地域だからです。アジアに対する関心と利益は、中国人たちのほうがアメリカ人たちよりも大きい。

また、アメリカはナンバーワンという立場に慣れてきたため現状に対する危機感が乏しく、一方で中国は「屈辱の百年」で苦しんでいる。つまり、中国のほうが現状変更へのモチベーションが強いということになります。これは日本にとって本当に重要なことなのですが、怖いのは日本政府がこの重要性を本当に理解しているかどうかわからないという点です。

エリートの責務はなにか？

ビジネスの世界の人々は、アジアこそが「世界の中心」であることを知っています。アジアでカネが一番動いているからです。ところが、国際政治の世界では、依然としてアメリカとヨーロッパが世界の中心です。たとえばNATOの加盟国は30以上あり、いつも関係者たちが欧州から飛行機でワシントンDCまで8時間とか6時間ほどでやってくるわけです。これが東京からだとワシントンDCまで飛行機で13時間、東南アジアからは飛行機で15時間もかかるわけですから、世界の中心との距離感はあります。率直に言って、このような人的つながりという要因は非常に重要です。常に顔をあわせることによって国同士の結びつきが深まるからです。

私に対する反論の多くは、あまり合理的で理性的なものだとは思えません。私の主張はすべて根拠もあるし、合理的な議論だと思っています。ところが、「アフガニスタンは重要じゃない」と私が言うと「なんてこった、こいつは何を言っているんだ」という態度になるわけです。もちろん私は現地で戦った人々の名誉や犠牲を侮辱《ぶじょく》するつもりはありません。

しかし、アメリカの外交エリートが間違ったことに集中し、間違った場所にはまり込んでいるのであれば、アメリカの外交エリートは変わるべきだ、というのが私の主張です。私が定期的に批判しているのはまさにこの点です。わが国の外交政策は新たな戦略的な状況に適応できていないし、過去30年にわたって〝いい仕事〟をしてきませんでした。にもかかわらず、なぜ人々は外交政策のエスタブリッシュメントに従うのか、私には意味がわからないのです。それはここ25年ほどの過去を見てみれば自明のことです。

実際のところ、アメリカ国民の多くは自国の対外政策にうんざりしています。トランプ前大統領が成功していた理由の一部はそこにありました。対外政策のエスタブリッシュメントが変わらなければならないと思います。

エリートの任務は現実に適応することです。しかし、アメリカのエリートたちはそうなっていない。したがって私の批判は既存のエリートに対する批判なのです。アメリカは新しいエリートの発想を受け入れるか、エリート自身が変わるべきなのです。

第4章

中国を封じ込める「反覇権連合」

中国は韓国を狙いにくる

この章では、アメリカと反覇権連合を構成するアジア諸国の関係について論じてみたいと思います。まずは韓国から始めましょう。

アメリカにとって韓国は非常に重要な同盟国であり、もちろん韓国にとってもアメリカとの同盟は非常に重要です。「反覇権連合」という観点からも同じことが言えます。韓国が特に重要なのは、この地域における裕福な先進国で、経済規模も大きいからです。数十年前はそうではありませんでしたが、いまやサムスンなどを擁する世界トップクラスの経済大国です。

韓国はとりわけ日本の防衛にとって非常に重要です。というのも、韓国は日本列島のど真ん中に刺さった短剣のような位置にあるからです。

もし韓国が「親覇権陣営」、すなわち中国側の陣営に移ってしまったら、地理的な位置という意味においても、アジアの勢力図を変えてしまうほど反覇権連合側に大きなダメージとなるでしょう。

『拒否戦略』における私の議論の中核にあるのは、アメリカにとってアジアが死活的に重要な戦域であり、そこに存在する決定的なライバルが中国であるということです。そして、中国が「反覇権連合」の中の脆弱な国を狙って自陣営に従属させようとするいかなる試みにも警戒すべきだというのが私の立場です。直近ではそれが台湾を意味しますが、中国の軍事的な発展を考えると、将来的には韓国も中国のターゲットになるはずです。

私の主張は、アメリカは韓国や同盟国から撤退すべきということではなく、韓国に対するアメリカの取り組みは中国を意識したものに集中すべきだということです。

中国は台湾と同様の領有権を韓国に対して主張しているわけではありません。ですが、韓国に与えているリスクは、フィリピンのそれと同じような状況にあるわけです。

もちろん韓国にとって、より差し迫った脅威は北朝鮮です。1万発の大砲が首都のソウルの近くの開城《ケソン》の高台から見下ろしているわけですから。

しかし、北朝鮮のような非常に厄介な指導者に率いられ、非常に危険でありながら、実は非常に弱体な国家に、消耗させせられたり気を取られたりするのは、アメリカにとって非合理的です。だからこそアメリカは韓国に対して軍事的リソース（資源）を提供する必要があるのです。

私の主張は、アメリカは二次的、三次的な脅威に直接さらされている同盟国に対し、自国の防衛に力を注ぐよう促すべきだということです。つまり、韓国は北朝鮮に対する防衛については、とりわけ通常兵器のレベルでの防衛については自ら責任を負うべきです。

幸いなことに、韓国の軍隊は非常に強力です。何十年もの間、自衛のための戦力を維持してきました。ただ私が懸念しているのは、中国の拡大抑止がとりわけ困難になっていることだと思います。韓国に対する米国の伝統的なコミットメントや核分野でのコミットメントの信頼性が低下しています。

左右にブレる韓国とどう付き合うか

韓国の政権は、大統領ごとに政治が左右に大きく振れるため、政策が不安定です。バイデン大統領、岸田文雄首相、尹錫悦《ユンソンニョル》大統領の間で行なわれたキャンプ・デービッドの日米韓３カ国首脳会談が開かれたことに私は賛成ですが、懐疑的でもあります。というのも、韓国国民や日本国民が支持しているとは思えないからです。それに、軍事的な観点から見て、日韓の深い連携が本当に重要なのかも分かりません。もちろん我々はさらなる協力を求めていくべきだと思いますが、それは目立たないようにやるべきではないでしょうか。

日韓両国は軍同士で互いに留学生を出し合ったりしていて、個人レベルでの交流が盛んであることも聞いていますが、国家レベルとなると国民感情が入ってきて複雑です。

私としては、この問題をリアリスト（現実主義者）という立場から見ています。どの国でも歴史はある。韓国には日本の植民地時代に対する屈辱感があるのは明らかです。中国人もそうです。占領され、植民地化された過去を持つ国は、こうした問題に非常に敏感な傾向があります。それはよく理解できます。私は、そのような過去は消し去ることはできないことを承知しています。

ただ、過去の歴史的怨恨という、現実的にはあまり役に立たないかもしれないこと

に、韓国はなぜこれほど政治資産を投じる必要があるのか。そこに私の懸念がありま
す。

左右にブレる韓国の政権に私たちが求めることは、左右どちらの政権でも共有される問題、政権に関係なく維持できる課題に焦点を絞ることです。韓国の保守的な政府が追求しそうな課題しか取り組めないとなったら、左派政権になったときにお手上げでしょう。

一方で、韓国国民は私の主張、つまり北朝鮮に対する自衛については支持してくれると思います。明らかに左派の方が北朝鮮に対してオープンですし、アメリカに対して懐疑的であることはわかっています。でも韓国の左派は「韓米同盟を破棄すべきだ」と主張しても選挙に勝てないと思います。「北朝鮮の攻撃から韓国を守らないことに賛成すべきだ」という主張は、いくらなんでもできません。

同盟国も自らを守る

バイデン政権は、アジアにおける「核不拡散の成功」を喧伝《けんでん》していました。ところ

がこれは実に奇妙で恐ろしい話です。というのも、たしかにアメリカは日本や韓国などアジアにおける同盟国が核兵器を持つのを防ぐことに成功したかもしれませんが、その合間に北朝鮮が核兵器を保有し、数十発、いやそれ以上の核兵器を開発するのを阻止できたわけではないからです。

また、中国が核弾頭の数を劇的に増やすことも防げませんでした。つまり、アメリカは自分たちの側を抑えている合間に、いつの間にか核の脅威にさらされています。しかも核の脅威は世界の「常識」であり、アメリカ国民にも韓国人にも金正恩にもわかっていることなのです。

私の主張は「**アメリカは同盟国を守らなければならないが、その代わりに同盟諸国にも自ら責任を持って対処してほしい**」ということです。また、核の拡散は防がなければなりませんが、事態が変わったらそれも見直す必要があるかもしれない、ということです。しかもこれは戦略的なロジックによるものだけでなく、アメリカの軍事的・財政的状況が課す制約にも合致する話なのです。

北朝鮮のリスクはそれほど大きいのか？

もし核兵器が北朝鮮から飛んでくれば、莫大な損失を被《こうむ》ります。しかしここで重要なのは、アメリカは北朝鮮を凝視するあまり、中国から目をそらしてよいのか？　という点です。

『拒否戦略』の中でもこの点について詳しく説明しましたが、少し客観的に考えてみれば、アメリカの一般国民が北朝鮮の核兵器のせいでアメリカの都市を失うことまでわざわざ想定することがいかにおかしいかがわかります。それはほぼ間違いなく割に合わないでしょう。つまりアメリカにとって北朝鮮はわざわざ国益をかけて戦うべき脅威を感じる存在ではないということです。

では、どのような状況であれば、アメリカ国民は自分たちの都市への核攻撃のリスクを引き受けようと考えるのでしょうか。例えば冷戦が第三次世界大戦に発展し、世界の未来とアメリカ国民の未来、そして基本的には自由な国民としての生存などを左右する「全面戦争」に発展した場合はどうでしょうか？　そこまで来たら、ようやくアメリカ人たちは「よしやろう。都市を危険にさらすだけの価値がある」と言うかもしれません。中国との戦いならそうなるのもわかります。中国との大きな戦争は、都市を失う価値があるほど大きな賭けだと想像できるのです。しかし、北朝鮮はアメリカの利益をそこまで危《あや》うくするほどの重みを持った存在ではありません。

ただし、最大の問題は、北朝鮮が核開発やミサイル開発を進めていることです。しかも今やロシアを支援していると見なければなりません。

そうなるとミサイル防衛に触れないわけにはいきません。たしかにこのシステムは、ウクライナの戦争や、イスラエルvsイランに関してはうまく機能しています。ところが核兵器の世界では、ミサイル防衛システムが存在しても、それが一発でも阻止に失敗した場合、「核爆発」という非常に恐ろしい結果をもたらします。ゆえに北朝鮮のような覚悟と能力を持った相手に対してはミサイル防衛だけに頼ることはできません。

したがって、我々はあらゆる可能性を検討する必要があるということです。特に北朝鮮は核開発やミサイル開発を止める気配がなく、交渉時には一貫して我々を欺いてきたわけですから、私たちはあらゆることを議論の俎上《そじょう》に載せる必要があります。つまりNATOのような核共有の可能性についても議論をしなければならないということです。あまり想像したくありませんが、北朝鮮の友好国への核拡散の可能性についても議論しなければならないかもしれません。

ゴッドファーザーに喩えてみれば

私は覇権連合と反覇権連合の関係の動きを、このような喩えで見ています。中国は「マフィアのボス」みたいなものです。映画「ゴッドファーザー」におけるヴィトー・コルレオーネ（マーロン・ブランド）のように、どちらかというと奥の席に座っていて、自分自身の手は汚していません。そして豪放で喧嘩っ早い長男のソニー（ジェームズ・カーン）がロシアに当てはまります。ヴィトーはソニーのやっていることを全部知っているわけではありません。そして北朝鮮のようなさらに小さなプレイヤーが、マフィアの下っ端として利益を求めて動いているというイメージです。もちろんこのアナロジーは完璧なものではありませんが。

あるいは、ヨーロッパにおける中国の例のほうがわかりやすいかもしれません。中国はロシア経済や軍事面を下支えしています。ただしそれだと印象が悪いので、ロシアが必要とすることの95％はやるが、残りの5％は北朝鮮やイランにやらせているというイメージです。イランにはシャヘドというドローンを供給させ、北朝鮮には砲弾や砲身を供給させるというものです。もちろん、北京と平壌の間には常に摩擦があり、地理的な理由などから伝統的にモスクワとの関係が間に入ります。このような状況は、中国にとって都合のいいものでしょう。

これは中東を見ればわかります。イランはロシアとさらにあからさまに、より積極的に動いていると思われます。中国がこのような事態の進展に満足しているのは間違いないでしょう。なぜなら、それはあらゆるレベルでアメリカを邪魔することになるからです。そして、このおかげで中国はあまり手を汚さずに済んでいます。ロシアが目の前で横暴に振る舞っているため、中国は欧州の目をごまかしつつ、自分は何もしていないふりをすることができるというわけです。欧州とアメリカはこれによってフラストレーションをためることになります。中国の戦略は功を奏していると言えるでしょう。ロシアを助け、イランを助け、北朝鮮を助けて、しかもそのような悪さを察知されない状態です。

目の前の危機に集中せよ

こうした東アジアの問題はヨーロッパではどう受け止められているのでしょう。ヨーロッパ諸国でも台湾有事については多く議論されています。それでも結局のところ、彼らが台湾のことを本気で懸念しているとは思えません。なぜなら彼らはロシアの脅威を主に考えているからです。ポーランドに中国が大きな脅威だと思わせようとするのは無理でしょう。ポーランドにはもっと大きな脅威があるからです。それならば、彼らにはロシアの脅威について集中してもらえばよいのです。ロシアについてはヨーロッパ諸国と協力し、ロシアに焦点を当て、それなりの負担を想定するよう奨励《しょうれい》するのです。イスラエルも中国のことはあまり気にしないと思います。彼らの焦点はイランにあるわけですから。

アメリカは、同盟諸国がすでに集中する準備ができていることにそれぞれ集中してもらうよう促すべきだと思います。同盟関係においてもすべてのことに同意する必要はありません。そもそも同盟は実際にはそのように運営されているわけではないからです。私の戦略の枠組みでは、韓国が日本に対して恨みを持ち続けていることについてはそこまで決定的な問題になるとは考えていません。中国に対する脅威の方が大きいからです。

とにかく我々が対処しなければならないのは目の前の現実です。この点については、日米韓は協力できます。もちろん「韓国と日本の間はすべてうまくいっている」と言って問題がなかったかのように振る舞うわけにはいきません。が、小さな違いを超えて、より大きな現実に対処しましょうということです。

韓国も時間が経過すれば中国を最も懸念するようになります。他国と協力しつつ、同盟国とも協力するのです。

台湾は「派生的な権益」にすぎない

次に台湾について見てみましょう。私は台湾についての研究に多くの時間を費やし、なぜ台湾を守る価値があるのかについて議論してきました。台湾が我々にとって重要な理由は、**台湾そのものに重大な権益があるからではなく、中国とアジアが重要**だからです。つまり台湾は、我々にとって派生的な権益に関わる話なのです。台湾は非常に重要な権益ですが、それでも派生的なものでしかなく、アメリカにとっては生存を左右するものではありません。

私もアメリカの連邦議員やアドバイザーたちにこのポイントについて話をしましたが、私の主張の大部分は、主流派とは異なります。

本題に入る前に、まずはアメリカ国民の認識を振り返っておきましょう。

第2章でも触れたように、現在のアメリカ国民の対外政策に対する態度は、ある意味で「ベトナム後の時代」と似たような状況にあると思います。国民が戦争に疲れ切っているという状態です。これはアメリカ政府の指導層の失敗ではあるのですが、とりわけ共和党が政府の支出が多すぎることに嫌気がさしていますし、全般的に国家安全保障に対する疑念が出てきています。

台湾について考えるときになぜこの点が重要かというと、台湾は反覇権連合にとって政治的にも軍事的にもカギを握る存在であるにもかかわらず、アメリカ国民はそう認識してはいないからです。一般のアメリカ国民は、台湾を自分たちの生存のかかった存在だとは考えていません。そしてこれはある意味で合理的だと言えます。自分たちからは遠い場所で起こっていることと認識しているからです。しかし、これは間違っています。

さらに、日本に台湾が突きつけている意味は、アメリカとはかなり違います。台湾は日本列島の先にあるし、日本の与那国島から見える位置にあるわけです。

それが意味するのは、台湾が中国の従属下に置かれないことが日米の利益になるということです。そして台湾が中国の従属下に置かれると、我々にとって不利なパワーバランスにつながると認識すべきなのです。

アメリカは究極的には撤退する可能性もある

私個人は台湾の独立には反対ですし、将来的な統一の可能性は残すべきだと思います。したがって、私は「台湾の独立を促進するために台湾を守るべきだ」と言っているのではありません。基本的に現状を維持すべきだということです。現状維持は非常に大きな国益となるわけですが、それはある一定のレベルまでの話です。

私が繰り返し言っているのは、アメリカにとって本土の防衛が100点だとすれば、台湾防衛は70点以下のコストに抑える必要があるということです。アメリカ人にとって台湾を守るコストを合理的なレベルまで下げておかなければなりません。なぜなら、究極的には、アメリカは東アジアから撤退するかもしれないからです。

台湾防衛にあまりにコストがかかりすぎるようになれば、誰かが撤退の号令をかけなければなりません。イギリスとソ連がアフガニスタンから撤退したことからもおわかりいただけるでしょう。アメリカが、ベトナムでもアフガニスタンでも経験したように、**割に合わなければ撤退することが普通**なのです。アメリカが南ベトナムやアフガニスタンに対して当初誓っていたことを思い出してください。南ベトナムとは正式な同盟関係にありながら、我々は彼らを放棄しました。利益に対してコストがかかりすぎたからです。それが1950年代ごろの、いわゆる「盟約マニア」たちの過ちでした。彼らは実際の安全保障の担保なしに約束だけしていたわけです。

中国に戦争をあきらめさせる

台湾人にとって、そして日本人にとっても非常に重要なのは、正規軍や予備役、彼らの市民社会が自国を防衛できるようにすることです。ここで理想的なのは、私たちが侵略をともに拒否できることを、中国に知らしめ、侵略を始めるのは止めておこうと決断させることです。もっとも『拒否戦略』の中で私はこの閾値《いきち》が実際には固定的なものではなく、むしろ動的なものであることを詳しく説明しています。

たとえば１９４１年12月６日のアメリカ人たちは、日本との太平洋戦争には反対していました。ところがその翌日からアメリカ人たちは日本が戦争を始めたと知って、自分たちの利害関係についての認識を劇的に変えたのです。つまり、物事の判断が理性的になり、アメリカは開戦当初には決して考えもしなかった苛烈《かれつ》な国民負担を支持できるようになりました。

この文脈とは別に、台湾や日本、そしてフィリピンやその他の国々が開始しているのは、中国の脅威に対抗するための防衛関係のネットワークの構築です。これはゆっくりですが確実な動きです。

ここで大事なのは、「アメリカは大規模な戦争への準備をしている」と中国側に思わせることなのです。これは少々複雑なアイデアだと感じるかもしれませんし、「コルビーは大規模な戦争を引き起こそうとしているんだ！」と勘違いする人たちもいるかもしれません。

私が目指しているのはその逆です。私は中国の「選択的なサラミ・スライス戦略」によって反覇権連合を崩されるのを防ぎたいだけなのです。むしろそのようなことをすれば戦争になる可能性が高くなるぞ、それは結局のところ中国にとって大きなマイナスになるぞ、と思わせたいのです。

中国が「太平洋における限定的な目的を達成するために第三次世界大戦かそれに近い侵攻を始めよう」と出来心を抱いても、それは無理な話なのであきらめさせるのがよいというわけです。

「アメリカが守ってくれる」の幻想

そこで問題なのは、前方展開部隊と前方部隊、特に台湾の部隊が不可欠であり、台湾の部隊が本当に強力に自国を守ろうとするのかどうかという点です。

冷戦時代にも同じようなことがありました。当時、西ドイツの東ドイツ側の国境沿いには、アメリカ軍だけでなく、NATO軍の巨大な軍隊が配備されていました。そしていざ何かが起こってソ連が大規模な侵攻を仕掛けるのであれば、十分に反撃できるだけの態勢をとっていたのです。もちろんそれは結局起こらなかったわけですが。

台湾と日本にとってまずいのは、彼らが、「アメリカのご機嫌さえとっておけば（つまりそれなりに防衛義務さえ果たしておけば）、いざという時にアメリカが助けてくれる」と考える傾向があることです。それはまったく正しい考え方ではありません。**台湾と日本が自己防衛のために多くのことをしてこそ、アメリカは実際にやってきて重要な役割を果たす可能性が高くなる**のです。これは自らロシアと闘う姿勢を鮮明にしたことでアメリカの支援を勝ち得たウクライナのゼレンスキー大統領の例を見てもわかります。

私はこの点を説明する際に、日本の歌舞伎の例を挙げています。歌舞伎には、敗れた戦士が退却して刀を振り回す場面があるそうです。しかし、いくら勇敢に刀を振り回しても、戦いに敗れた現実は変わらない。しかし、彼は名誉のために刀を振りかざして退却するのです。実際に台湾が侵攻された後にアメリカがさらに軍事力を振りかざすポーズをとったとしても、それはポーズだけで、実際の戦争で日本や台湾が負けたあとでは元も子もありません。私が心配しているのは、日本や台湾がみずから自国を守る準備をしっかりしておかないと、この歌舞伎のようなことになるということです。

TSMC無力化の覚悟はあるか？

正直なところ、台湾独立派に対しては何をアドバイスすればいいのかわかりません。というのも、私は彼らがなぜわざわざ危険な道を歩もうとしているのか全く理解できないからです。自ずと彼らに対する意見も厳しくならざるを得ません。

台湾独立派は、自分たちの民主制度や自由がいかに素晴らしいかをアピールし、習近平の下で暮らしたくないと主張しています。そうであるならば、なぜ彼らはGDP

比10％を国防費に使わないのでしょうか？　このようなことを言うと、すぐに彼らは「そんな馬鹿な」と笑って言います。しかし、隣の14億人の人口を抱える国が、台湾を組み入れることを国家安全保障の最優先目標としているわけです。この現実を見なければなりません。規模で言えば20倍の国があなたの国を狙っているのです。

私は「自由」を守るためであれば、GDP比10％の国防費をかけるのはかまわないと思います。もちろん税金を多く払うのは好きではありませんが、中国に対して「台湾を攻撃するのは得策ではないぞ」ということを示すべきだと思うのです。

ちなみに蔣介石政権下の台湾は、もちろん民主制度ではなかったのですが、それでも国防費をかなり使っていました。また、韓国の国防費はそれほど多くないですが、それでも台湾よりもはるかに強力な軍隊を維持しています。

別の選択肢としては、国民党の馬英九が目指す対中宥和の方向性もあります。もちろん私は支持しませんが、少なくとも首尾一貫はしています。その要諦は、習近平と取引をするということです。国防費を使わない、関係を良くしよう、我々は同じ中国人じゃないか、と。いわば「第二の香港」を目指すわけです。そうすれば「台湾が落ちるのは時間の問題なのに、なぜ北京はわざわざ台湾を攻撃するんだ？」ということになり、中国の軍事侵攻を抑止できる効果が見込めます。

ところが実際に馬英九が追求しているのは、そのどちらでもない半端な道です。つまり中国に対しては基本的にコミュニケーションを取らず、もし北京側に落ちるのであれば、それは平和的に行なわれるはずだという甘い想定です。

しかし、北京には軍事的な選択肢しかありません。にもかかわらず、台湾は中国を本当に抑止できるほどには軍備を増強していません。彼らはアメリカが本気になって台湾を助けにきてくれるはずだと思い込んでいるわけですが、私はそれが疑わしいと思っています。それを実際に台湾の政治指導部に直接言ったこともあります。

「あなた方はギリギリの状態ですよ。なぜならあなた方が国防の増強に真剣に取り組んでいないとアメリカ国民は感じているからです」

それなのに、台湾はウクライナの大義を熱心に支持している。はたして彼らが真剣に物事を考えているのか、疑わしいものです。「半キロ先でクマに襲われている人がいるけど、あなたは火を吹くドラゴンに追いかけられているんですよ。こっちは心配にならないのですか？」と思います。これでは台湾は自国の防衛を真剣に考えていないとみなされても仕方がありません。

こういうことを言うと物議をかもすかもしれません。それでも常識で考えたらわかることではないでしょうか。たとえば「中国が攻撃してくるような事態が発生した場合、半導体製造大手のＴＳＭＣを中国に渡さないために破壊しなければならない」という議論は、台湾人は嫌がるでしょう。それでも、こうしたシナリオを実際に考えなければならないほど、事態が深刻化してきているわけです。

このような考え方は安全保障関係者では一般的な考え方として広まりつつあることは指摘しておきます。たとえば最近だとドミトリー・アルペロヴィッチが『危機に瀕した世界』という本の中で中国について、私のものと近い考えを披露しています。彼は、台湾有事の際はＴＳＭＣを無力化しなければならないと主張しているのです。

半導体は重要ではない

『拒否戦略』の中で、私は半導体には触れていません。もちろん半導体は明らかに世界経済にとって本当に重要なものです。ただし個人的には、半導体のことだけで中国と戦争になることはないと考えています。

私にとって台湾の価値は、アジアにおける反覇権連合と、軍事的な地位です。本の中でも主張していますが、ウクライナのロシアとの戦争を見ていると、経済制裁はあまりうまく機能しないと思わざるを得ません。また、半導体の問題は注目を集めすぎているとも思います。もちろん台湾への依存を軽減するために海外に工場などを移転させようとしている流れは良いことだと思います。

また、戦争になれば中国経済を制裁で締めつけて崩壊させようという考え方も、私は悪い戦略だと考えています。なぜなら、それがうまくいくとは思えないからです。そしてアメリカがそれを実行するとも思えませんし、中国側もすでにそれに備えて準備しています。

いずれにせよ、アメリカはそこまで厳しい経済制裁を行なわないでしょう。自分たちに降り掛かってくるコストがあまりにも高いからです。しかも、我々の社会は民主的です。インフレでモノの値段が50%上がったらどうなりますか？　しかもそれほど効かないことがわかっていることを国民は支持するでしょうか？　また、経済制裁の危険性を忘れてはなりません。それは第二次世界大戦でアメリカが日本に対して行ったことがどのような結果につながったのかを思い出せばわかります。経済制裁を行った対象国を挑発するだけで、問題は何も解決しないわけです。

したがって、台湾問題においてＴＳＭＣのような半導体の問題に集中してしまうことは誤りだと思います。本当に重要なのは反覇権連合であり、軍事バランスなのです。

ウォーゲームの有効性

台湾有事を考えるときに参考になるのは、「ウォーゲーム」のようなシミュレーションに参加することです。私は長年にわたってシンクタンクやペンタゴンのような場所で開催されるウォーゲームに参加してきました。これはいくつかの現実的に起こりそうな危機や軍事衝突のシナリオを用意して、それに対して実際に米軍や仮想敵国の軍隊がどのような動きをするのかをシミュレートするものです。その結果は方法論や前提に大きく左右されますが。

ウォーゲームをおこなう際に最大の問題は、シチュエーションの設定時に主催者側が、必ずしも戦力の配置や各陣営の実際の戦力を知っているわけではない点です。もちろんウォーゲームでは大まかな近似値を使うことができます。しかし、それらがどのように相互作用するかを知るのは本当に難しいのです。

私が好んで使う例は、外交史家だったハーバード大学のアーネスト・メイ教授の話です。彼は1940年のパリ陥落とその理由についての本を書いています。その中で、1940年にフランスを攻撃したドイツが勝ったのは当然であると指摘していました。つまり、ウォーゲームは絶対的なものには程遠いですが、おおよその目安を与えるのには適しているということです。

ウォーゲームに参加する一個人として、私はこれに参加することは誰の頭脳にも役立つことだと信じています。ただし私の考えは良きにつけ悪しきにつけ、それに参加する人々の平均的な頭脳に比べれば比較的抽象的な方かもしれません。それでも、自分がある特定の状況に置かれた場合にどのように状況が見えるのか、どのような反応があるのかを考える意味で極めて有用だと考えています。もちろん完璧なものではありませんが、これは試合の前に練習をしておく方がよいのと同じだと思います。最も有名な例は、太平洋戦争前の米海軍大学が行っていたものですが、そこではあらゆるケースが検証されていました。たとえば水陸両用作戦のように協同作戦を行わなければならないケースとか、攻撃の前に空爆を行っておかなければならないケースとか、海上封鎖しなければならないケースなどです。ただ、唯一想定されていなかったのが「神風特攻隊」だったと聞きます。

習近平の頭の中はわからない

台湾有事に関して私がとっているアプローチは、あえて予想を立てないということです。私は習近平や北京の指導者たちが何をするか知っているとは決して主張しません。分析的な根拠に基づいているとは思えないのに、「習近平がこうする・こうしない」と主張をする多くの人々と私の違いはここにあると思います。そもそも、習近平の考えをどうやって知るというのでしょうか。おそらく彼はまだ最終的な決断を下していないと思いますし、いざ決定したとしても、彼はいつでも考えを変えることができるわけです。さらに言えば、習近平は偏執狂的なレーニン主義者であり、おそらく妻にさえもこのことは何も話していないでしょう。

また、中国の諜報機関は防諜《ぼうちょう》にも非常に長《た》けています。2017年のニューヨーク・タイムズ紙の報道によると、中国における米国の諜報ネットワークは2010年前後に一網打尽にされているそうです。ウォール・ストリート・ジャーナル紙は2023年末に、アメリカは中国指導部内に良い情報源を持っていないと報じています。つまり、われわれは習近平が何をしようとしているのかを推測しようにも、十分な判断材料を入手できないのです。

中国の諜報力を侮るな

最近、欧州などで中国のスパイが次々と逮捕されたり国外追放にあったりしています。中国のスパイ活動や諜報活動の規模と範囲について、私たちは非常に懸念する必要があると思います。この分野でのリーダー的存在はオーストラリアであり、中国の諜報活動などを積極的に押し返そうとしています。

また、サイバー領域においても、アメリカだけでなく日本の重要なインフラにも侵入して、紛争に備えようとしていることも明らかになっています。つまり、中国に狙われている重要なインフラは、アメリカだけでなく日本にもあるのです。

中国は世界各地でかなり大規模な諜報活動を行っていると考えるべきです。実際のところ、ＦＢＩ（連邦捜査局）はそう指摘していますし、イギリスの秘密情報部（旧ＭＩ６）や保安部（旧ＭＩ５）もそう言っています。ただし、私は中国の諜報機関を、「シャーロック・ホームズ」シリーズの小説に出てくるモリアーティ教授のような、すべてを支配する悪の黒幕として見るべきではないと思います。中国政府は情報収集のために大変な努力をしていますし、その結果として多くの諜報能力を獲得した存在です。

冷戦時代を振り返ってみると、米ソの諜報戦は、ヒューミント（スパイによる情報収集活動）においてはソ連のほうが優れていたと言えるかもしれません。一方で、人工衛星や通信機器、コンピューターを含めた技術的な能力ではアメリカの方が時間の経過と共に優れてきたと見ています。最終的に冷戦では西側が勝利しましたが、それでも我々が「情報戦」としての冷戦に勝利したとは言い難いのです。

私はこの情報戦の問題を過小評価するつもりはありませんが、我々はインテリジェンスの分野で圧倒的になる必要はないのです。もちろん、中国は大規模な諜報工作を続けるでしょうし、資金もコネクションも豊富に持っています。我々は中国の持っている能力を現実のものと認識して、冷静に対処すべきです。

戦争に踏み切る「合理的な理由」

中国には戦争に踏み切る合理的な理由があります。これはまさに「合理的なモデル」であり、成功するための要件から考えてみれば、習近平が戦争に踏み切る合理的な理由が見えてくるわけです。

「戦争は金にならない」と言う人は、テキサスやカリフォルニアを訪れたことがないのでしょう。メキシコに対してわれわれが「どうぞどうぞ」と笑顔で渡さなかった理由はそこにあります。日本はなぜ台湾を手に入れたのでしょうか？　１９４１年に戦争を起こすことはカネになるものではなかったのは明らかですが、だからといって日本が戦わなかった理由にはなりません。イスラエルはどうやって東エルサレムとヨルダン川西岸、ゴラン高原を手に入れたのか？　ドイツはどうやって統一し、アメリカはどうやって党派間の対立や奴隷制度を解決したのか？　つまり戦争が効果を発揮することがあるのです。これが合理的なモデルです。

もう一つのモデルは、その合理的な評価を経験的な証拠で検証してみることです。中国人民解放軍の急速な軍事的発展、そして彼らが南シナ海に基地を建設していることは、彼らの野望が単なる経済面での想定を超えていることを明確に示しています。戦力投射して台湾を征服しようという野心を持っていることは明らかなのです。これは異論のないところでしょう。

いずれにせよ、現在の中国の指導者たちが頭の中で「いますぐこれとこれをやろう」と考えなくても、将来の指導者たちはその能力を身につけた状態で政権を受け継ぐことになることを忘れてはなりません。彼らが将来その状況を利用しようとする可能性が高いと私は考えています。

たとえばアメリカは１９８５年にはイラクに侵攻しませんでしたが、ソ連が消滅していた2003年のタイミングでは実行しました。それは状況的にチャンスが生まれていたから「できる」と思ったわけです。私たちに影響を与えたのと同じ心理を応用することができます。そのように考えれば、中国を懸念すべき理由がわかります。

人民解放軍を「無能」と侮るリスク

私には「何が起こるか」を予測することはできません。ただ、現時点で私が言えるのは、ニュースを読み、研究レポートなどを読み、状況を読んだ上で評価すれば、我々は「戦争の結果がどうなるのか」という問いについて、かなり不透明な答えしか持てない時期にいるということです。

15年前、私はランド研究所でアメリカ軍の高官や元高官たちから中国の軍事力について説明を受けました。同研究所には「スコアカード」という非常に有益な情勢判断のための評価基準があります。そこでは1999年から2001年にかけての頃であれば、中国人民解放軍が台湾に侵攻しようとすれば、アメリカ軍は片手を縛《しば》られたままでも人民解放軍をなぎ倒すことができることを示していました。

ところが2015年までにはその状況が悪化し、現時点ではおそらく状況はさらに悪化していると思われます。ですから現時点での評価としては、この先どうなるかは不透明であり、いざ紛争となったら大きなコストがかかる可能性が高いということです。

一方では、人民解放軍は完全に無能かもしれないという想定もありました。ただし、私はそれに賭けるべきではないと思っています。なぜならウクライナ戦争でロシアは当初は劣勢だったのに、今では盛り返しているように、戦況は刻々と変化するものだからです。したがって、人民解放軍を過小評価するのは賢明ではない。

その反対に、私たちの軍隊が劇的に過大評価されている可能性もあるわけです。米海軍が最後に本格的な艦隊行動を行ったのは1945年の沖縄でした。米軍の地上部隊が空襲を受けたのは1953年の朝鮮戦争が最後です。そしてアメリカ空軍が最後に大規模な空中戦を行ったのは、1990年にイラク上空で行われた空中戦だと言われていますが、本格的な戦いにまでさかのぼると、ベトナム戦争における北ベトナムでの戦いか、下手をすると朝鮮戦争でF86を使っていたときが最後になると思います。

アメリカの空軍はおそらく世界最強だと思いますが、それでもその機数の不足を補うことができるほど優れているかは、長年にわたって本格的な敵と対峙したことがないので、正確にどうなるのかはわからないのです。

「準備」を怠るな

私は、中国は「今がチャンスだ」と考えていると思っています。合理的に考えれば、条件を決められるのは明らかに北京のほうです。我々はそもそも戦争を始めるつもりはありませんが、戦争を始めるとすれば彼らでしょうし、いざ始まったらどうなるかはわかりません。もちろん最善のシナリオの可能性は常にありますが、私はそれに期待することが賢明だとは思えません。さらに、習近平は不死身ではないし、レーニン主義者だから無神論者です。命の長さには限りがあるので、これが動機の一つになるかもしれません。

ウラジーミル・プーチンをウクライナ戦争に突き動かした要因のひとつは、彼が69歳であり、まだ国を率いるのに十分な活力があると考えたからでしょう。71歳の習近平の発言や経済制裁に備えた経済政策の動きを見ると、2024年11月に誰がアメリカ大統領に選ばれても、その任期中に中国との戦争が勃発する可能性があることを想定しなければなりません。

もちろん戦争が起こるかどうかは断言できませんが、以下の2つのことは確実に言えます。第一に、私たちは準備する必要があるということです。そして第二は、もし私たちが準備していない場合、中国がそれを勝利の条件が整ったと見なす可能性が高いということです。

私はときどき企業の方と話をすることがありますが、そのときに私はこう言っています。「証拠に裏付けられた合理的なモデルはこれこれこのようなものであり、このモデルに備えておくことが御社にとっては有益だと思います」と。ところが多くの企業は「有事が起こるか・起こらないか」に賭けているのです。「起こる前提」では考えていません。これがビジネス界の発想です。

もちろん多国籍企業であれば政府のような最大限にリスクを踏まえた考え方をするかもしれませんが、ごく一般の企業にとっては投資家に対して有事にどのように運営すべきか、例えば確率論的なものなど、その解決策として確立されたものは存在しないのです。

ところが政府の場合は違います。これについては議論の余地はありません。なぜならもし私たちが準備不足であった場合、その失敗がもたらす結果は非常に大きいからです。第一に、戦争自体が悲惨なものになるからです。そしてその戦争に負けるかもしれないし、そうなれば状況はさらに悪くなるわけです。

したがって、私にとっては習近平の頭の中を予測する意味はありません。習近平が何もしないという可能性は認めます。それでも私がここまで述べてきたような理由を元にして、有事への準備をしなければならないのです。

これは冷戦時代にヨーロッパで戦争が起きなかった時と同じことです。これはまさに神に感謝すべきことですが、なぜ戦争が起きなかったのかといえば、それはそこに備えがあったからでしょう。したがって、アメリカと日本、特に台湾にとって唯一の賢明な道は、準備することなのです。

日本で喩えるならば、洪水や地震に備えるようなものです。日本で家やビルを建てるとき、地震に耐えられるような備えをしていなければなりません。もしかしたら幸運なことに備えなくてもそのような災害も起こらずに、結果的にお金が節約できるかもしれません。それでも「備えない」というのは客観的に見て間違った判断です。どんなに低い確率であれ、地震が起きてしまえば割に合わないものです。実際に地震が起きて、何の備えもせずに建物の下に1000人が下敷きになっては目も当てられません。

海洋での優越状態を維持できるか

台湾の持つ地政学的な意味を例えると、NATOにおける「フルダ・ギャップ」が挙げられます。「フルダ・ギャップ」とは、もともと冷戦時代に東ドイツとの国境にあった西ドイツの都市フルダにある渓谷（ギャップ）のことです。もし有事になると当時のワルシャワ条約機構がこの渓谷を通り抜けてフランクフルト方面に大規模な陸上侵攻を仕掛けてくると考えられていました。最初の戦場になることが想定されていて、戦略上非常に重要なポイントでした。そのためNATOは非常に厳重な警戒をしていたのです。ソ連軍とワルシャワ条約機構軍は、共産主義国でのひどい徴兵制に基づいて編成されており、戦術的な戦闘機よりも兵力や戦車、大砲の「数的優位」が重視されていて、これに対抗するのは難しいとされていました。

それと比べると、我々は現在「第一列島線」において優位を得ているかもしれませんが、それを保持していても自動的に「勝利へのカギ」にはなりません。たしかに有利ではありますが、単に「有利である」というだけです。私たちが対処しているのは海上の外線なのでしょうか？「列島防衛」というモデルがありますが、これは空と海の軍事力だけでなく、島に点在する陸上戦力も重要だという考えです。

つまり、列島防衛において陸上戦力は本当に重要な役割を果たすのです。

中には「台湾を侵略するのは、地形的にも難しい」という人もいます。ただしこれは「イエス」と「ノー」の答えが両立するものです。なぜなら、海洋上での優越状態を確立した状態であれば、離島への上陸は容易だからです。

アメリカ海軍は過去75年間、世界中に進出しており、誰も我々を止めることはできませんでした。それは海洋を支配していたからです。南米でも東南アジアでもヨーロッパでも、好きなところに海兵隊を派兵することができました。その逆に、太平洋戦争では日本が太平洋からアメリカを一定期間押し出し、誰もそれを止められなかったという事実もあります。逆に海洋での優越状態を失ったら、島にいる部隊に補給するのも難しくなってしまうのです。

したがって、海洋上の問題というのは、より二項対立的な結果になりがちなのです。ウクライナでは朝鮮戦争のときと同じように、新しいライン、そして最終的には停戦ラインのようなものができると見ています。ところが、海洋上では膠着《こうちゃく》した前線のようなラインが引かれることはありません。陸上とは違って、人間はそこに生きているわけではないですし、海の上で船を修理したりすることも難しいからです。したがって、我々は列島に拠点を持てる現在のこの有利な状態を活かさないといけません。

また、アメリカや日本のような民主的な社会が、ミサイルや技術、船といった資本集約的な海洋アセットに予算を使う方が得意なのに対して、中国やロシアのようなユーラシア大陸の大きな社会では、人間の波が押し寄せるような肉弾戦が行われ、個人の命を肉挽き機に放り込むことの方が得意です。だからこそ、陸上に備えておかなければなりません。

中国は「張り子の虎」ではない

中国は「張り子の虎だ」という議論をする人がいます。軍備はすごいが実際には戦えない、西側には対抗できない、という意味です。この点の是非を論じる前に、このような議論は、もし合理的な政府であれば、それを真面目に追求することはできないはずだということは言っておきたいと思います。

たとえば「中国が10年以内に人口減少問題で経済的崩壊の危機に直面する」という予測を喧伝するピーター・ゼイハンという人がいますが、人民解放軍を張り子の虎だというのは、こうした予測に投資するようなものです。これは投資だったらありうるかもしれません。が、戦略的な観点から、そして国家的な問題として、また安全保障の問題として、そのような道を追求するのは実に非合理的です。なぜならそのような確率は、ゼロではないとしても、ほぼゼロと言ってよいからです。それは現実の中国を見ればわかることです。

もうひとつ例を示しましょう。もしあなたが大金持ちになろうと思う場合、宝くじを買うことは賢明な戦略ではありません。なぜなら、宝くじに当たる確率は低く、外れ続けた場合のリスクが非常に大きいからです。そして、中国に対しては「宝くじに当たらないこと」を覚悟しなければなりません。

もう答えは出ています。リスクに対して準備しなかったために発生する損害コストの大きさを考えれば、準備にかかるコストなど安いものであると認識すべきだということです。

また「張り子の虎」という認識はそもそも間違っています。現在の中国はたしかに深刻な経済的困難を抱えていますが、それでも大量の物資を生産する能力をもっています。アメリカ宇宙軍の司令官が、彼らは猛烈なスピードで宇宙へ物資を運んでいると言っていました。しかもこれは「大躍進」の時代の話ではないのです。つまり、私は「張り子の虎」という議論は疑わしいものだと思います。

民主化せずとも経済成長は続く

現在、中国衰退論が叫ばれるようになりました。しかし、私はその意見に懐疑的です。中国は今後、1990年代や2000年代の日本のように、急激に経済成長が止まるようなこともあるかもしれません。それでも総合的に見れば実質成長率3％ぐらいで成長が進む可能性が高いでしょう。もし私が投資家として中国に賭けるとしたら、中国の3％に賭けるでしょう。

しかし、仮に1％の成長だとしても、多くの工業生産、多くの技術投資、多くの人口を抱えていることに変わりはないのです。中国経済は不動産バブルが弾けて、大幅に縮小している可能性が高いものの、新しい産業への投資と成長は続いています。たとえば国家安全保障上の問題としては、大規模な造船や鋼鉄、極超音速ミサイル、AIでの競争、ファーウェイの進出、バイトダンス、BYDの自動車などです。

したがって、真剣な議論というのは「中国はたしかに経済成長のスピードを落とすかもしれないが、それをどうやって管理するかが問題だ」ということです。それは戦略の根本的な変更ではなく、「程度」の問題だということです。「中国は危なくない」「侵略的にならない」というのは、単に希望的観測のような話でしかないわけです。

アジアの国々の成長力は甘くみないほうがよいと思います。私は若い頃に香港に住んでいましたが、自由な政治制度はありませんでした。しかし経済的にはかなり自由な体制であり、経済は本当に目覚ましい成長をしていました。シンガポールも完全な民主制の国ではありませんし、台湾も急激な経済成長をしていたのは蔣介石がいた頃で国民党が戒厳令を敷いていたような時代でした。韓国も急成長したのは朴正煕のいた軍事政権時代でした。日本も完全な民主制度ではなかった明治時代に急成長した歴史があります。したがって、民主化せずとも経済は成長するというのが私の認識です。

近年出た対中政策に関する本のうち、第2章でも取り上げた『デンジャー・ゾーン』について触れてみたいと思います。骨子は「中国は国力のピークを迎えたからこそ危険になる」というものです。

私の考えは、『デンジャー・ゾーン』で展開されたようなものとは違い、「マクロ経済の長期的な見通しはわからない」ということです。実際、中国が外国に向かってアグレッシブに行動しようとするインセンティブが、長期的に国力のピークを迎えることに関係しているとは思えません。もし国内的な要因でピークに達しているのだとしたら、なぜ戦争でその問題を解決できるというのでしょうか。

よって、私が主張しているのは、中国は安全な地理経済圏を確保しようとするインセンティブを持っているということです。

ともあれ「将来の経済成長に対する長期的な期待」という考えで中国が海外に対して軍事面で攻撃的になるとは思えません。むしろ、地理経済圏を守るという方が合理的です。そしてその典型的な例が「大東亜共栄圏」を提唱した1941年の日本です。また、1914年のドイツの戦争目的は本質的にはドイツの関税同盟を守るということでした。

習近平の生物学的限界

そしてさらに緊張を高めているのは、習近平が「アメリカに首を絞められている」という認識を抱いていることです。私は『拒否戦略』上梓直前の2021年、ウォール・ストリート・ジャーナル紙にこの点について寄稿しましたが、大事なのは時間の経過による軍事バランスの変化です。

「なぜ国家は戦争を始めるのか」という点に立ち返って考えてみましょう。

とりわけ攻撃的であったり修正主義的な国家は「機会の窓」が閉じつつあることを感じることが多いものです。その有名な例が１９３９年のドイツでしょう。ドイツ最高司令部の大多数は、指導者であったヒトラーに対して「連合国との戦争は無理」と伝えていました（人民解放軍も習近平に対してそう言っている可能性があります）。ところがヒトラーはそれを覆《くつがえ》して戦争を開始しました。なぜなら今が最適なタイミングだと考えたからです。そのために彼はドイツ経済を活性化させて一気に戦争に備えたのです。当時の連合国側も再軍備を進めていたという点では、不幸にも彼の認識は正しかったのです。これがいわゆる「軍事バランス」という話です。

そして最後のピースは、習近平の個人的な生物学的な時計です。彼は１９５３年生まれなので、現在71歳です。ジョー・バイデン大統領を見てもわかるように、高齢で衰える人は衰えるわけです。私が懸念する理由はそこにあります。

そしてもうひとつは、先に述べたように、中国が長期的に相対的に衰退しているという考えに懐疑的だという点です。なぜかと言えば、人口動態は中国にとって大きな問題ですが、それは日本や韓国にとっても同じく大きな問題だからです。中国人が金持ちになる前に老いてしまう可能性はたしかにありますが、私はそれについては懐疑的です。つまり日本のような少子化に直面しているアジアの国々は、ロボットやＡＩなどをどんどん採用して社会がその問題に適応していくと思っています。

中国は衰退していない

もちろん中国全土が日本のレベルにまで豊かになるのかどうか、誰にも断定的なことは言えません。日本やアメリカのように海洋国家になることができれば、そのチャンスもあるかもしれません。韓国ほど出生率が落ちていない点も中国にとってはプラスに働く可能性があります。もうひとつは、中国人は自分たちが衰退していると認識していないように見えるということです。これはワシントンだけの認識なのかもしれないですが、少なくとも中国ではどうやらそのように思われていないようなのです。

２０２３年から２０２４年にかけて中国が直面している経済面での課題は、確かにマイナス要因なのかもしれません。ところが私が、中国や私以上に中国を専門的に見ている人々たちから感じるのは、少なくとも中国が長期的に衰退しているとは考えていないということです。習近平も「東洋は台頭している」と述べています。

もちろん、彼らが間違っている可能性もありますが、私は基本的に中国衰退論的な議論は、アメリカが一極状態の覇権国になれるという人々がよくするものだと解釈しています。彼らは中国を貶《おとし》めなければなりません。なぜなら中国を現在進行形の超大国として受け入れることはできないからです。つまり彼らは中国は「張り子の虎」であり、衰退の一途をたどっていると考えなければならないわけです。

もしかしたら彼らは正しいのかもしれませんが、それでも私にはその証拠が見えませんし、それが自然な流れであるというようには考えられません。中国がピークを迎えているというのは彼らの利益なのであり、それは私にとっての利益になるとは思えないのです。日本はそんな議論に騙《だま》されてはいけません。なぜなら日本は中国との最前線に位置している国家だからです。

第5章

日本には大軍拡が必要だ

中国は日本を圏内に取り込みたい

私は日本こそがアメリカにとっての最も重要な同盟国だと考えています。その理由は世界で最大規模の経済力を誇っていることもさりながら、地理的に決定的な戦域で最前線に位置しているからです。日本は中国が第一列島線から出るのを阻止するような配置になっているわけです。そのため、何重の意味でも重要なのです。

これは私が日本で育ったから言っているのではありません。しかも、価値観を共有しているからでもありません。そして日本の社会はアメリカと極めて異なることも認識しています。むしろ中国の方がアメリカと文化的には近いのではないかと私は感じているくらいです。

日本の社会のほうがフォーマルで構造的であり、階層的で、アメリカとは異なる意味で「保守的」だと思います。もちろんアメリカはイデオロギー的に保守的かもしれませんが、日本のほうが伝統志向の社会としての性格が強いでしょう。日本は人口密度が高く、本州に人口が集中しています。逆にアメリカは広大な国であり、その中を人々が動き回る社会となっています。一言でいえばまったく違う社会です。

我々はともに「民主制度」や、ある種の「自由」という広範な概念という点で、価値観を共有していると言えるでしょう。ですが、それが機能している様はそれぞれの社会で違います。たとえば移民に対する認識などです。ただし、そのような違いは、私にとっては問題ではありません。というのも、別の形の「自由」をそれぞれの国の国民がそれぞれのやり方で追求すればよいだけだと思うからです。

ともあれ、戦略的な理由、そして歴史的な理由から、中国は日本に狙いを定めています。この中国側の狙いについて幻想を抱いてはなりません。

もし、中国が地経学的影響圏をつくろうとするのであれば、アジアにおいては日本を組み込むことが必須となってきます。中国は西太平洋地域を支配するために軍拡を行っています。イーライ・ラトナー国防次官補（インド太平洋安全保障担当）が述べているように、中国の目標は西太平洋からアメリカを追い出すことです。

中国のプロパガンダを見てください。私の感覚では、最も効果的なプロパガンダというのは、なるべく多くの人々が合意できることについて訴えかけるものです。その点で日本は好都合となります。なぜなら歴史的な問題から中国国民の間には日本に対して共通の深い憤《いきどお》りがあるからです。

したがって、日米両国はお互いに必要としている。だからこそ我々は協力し合わなければなりません。

核の傘はどこまで及ぶのか

拡大抑止、いわゆる「核の傘」の話をしましょう。日本が懸念すべきは、中国は核弾頭の数を急速に増やしたため、以前とは戦略状況がすっかり変わってしまっていることです。

たとえばアメリカが中国との戦争において負けつつあり、自国の都市を危険にさらすようなリスクがある状況を考えてみてください。アメリカにとって負けは許されないにもかかわらず、それでも中国の方がわれわれを破壊する能力がはるかに高い場合——これは核において中国が優位に立っているということを意味します。

現状を考えてみましょう。中国のほうがアメリカよりも核兵器の製造数は多く、彼らのほうがアメリカにダメージを与える能力が高いということです。我々はそれに対抗するために能力の高い核兵力の飛距離を伸ばしたり、精密度を上げたりなど、性能を上げる必要があるわけです。

もちろんアメリカも中国に対して多大なダメージを与える戦力は持っています。しかし、冷戦時代のときのような問題は存在します。つまりアメリカが当時のソ連にいくら損害を与えるだけの軍事力を持っていたとしても、そのような損害の出ることをわざわざソ連側が始めないはずだとは確信をもてません。ワシントンDCが消滅してしまったら、そのあとに反撃してモスクワを消滅させることができても、私や私の家族には何のメリットもありません。それは避けたいわけです。

このように考えてみると、最も重要なのは、中国の「勝利の理論（セオリー・オブ・ビクトリー）」を阻止できる防衛手段を通常兵器において持つことであり、これを最大の目標とすることです。しかし繰り返しになりますが、われわれは北朝鮮への核不拡散の試みだけではなく、中国の軍備増強の制限という点でも失敗していると思います。我々はそのことを考え直す必要があるのです。

これは重要なポイントで、韓国にも日本についても言えることです。ただし、私はこれについては「唯一の解決法がある」と言いたいわけではありません。むしろ、「我々はこの拡大抑止という問題にどう対処するかについて真剣に話し合う必要がある」ということだけです。

積極的な先制攻撃は必要か？

もし戦争が起こり、エスカレートして、武器の使用や核兵器の使用が行われそうな事態になった場合を想定して、「私たちは適切な戦力を持っているのか？　それは信用できるものか？」という問題を議論しなければなりません。

例えば、核の先制使用の脅しができる「戦略」を持つべきだと言う人がいます。しかし、**私の考えは、核の先制使用をしないという「政策」は持つべきではない**というものです。つまり、先制使用の可能性をテーブルから排除しないものの、積極的に先制攻撃する姿勢は見せるべきではない、というものです。

中国の台湾侵略を阻止するために我々が大々的に先制攻撃を行うのはクレイジーで

す。なぜなら中国のほうがわれわれよりも台湾を欲しがっているからです。しかも中国はアメリカよりもこの目標のためには犠牲を多く払うつもりでしょう。だからこそ、我々には通常戦力による防衛が必要であり、エスカレーションの負担を中国に転嫁するために核戦力が必要なのです。

これは日本にも当てはまる話だと思います。「アメリカは東京や大阪のためにサンフランシスコを犠牲にする覚悟があるのだろうか？」というのは妥当な質問だと思います。

もちろんこの問いは非常に単純化されたものだと言えるでしょう。それでも中国軍が特殊な核戦力を増強し続ける中、私たちはこれをどのように管理するのかについて、私たち自身と日本、韓国の間で議論を始める必要があります。綿密かつ現実的な議論が必要です。

アメリカ人の多くが、米政府が日本に対して拡大抑止の役割を担っていることさえ知りません。街でアメリカ人にアンケートを取って「もし中国が台湾を攻撃してきたら我々は核攻撃することになっている。そして彼らも報復のために核攻撃してくるはずです」と言っても、それに対してアメリカ国民の多くから支持が得られるとは思えません。もし中国がアメリカの100万人の有権者を核攻撃したら、アメリカ国民は反撃を支持するでしょうが。

私はここで拡大抑止をすべて放棄すべきであるとか、すべて守るべきだという話をしたいのではありません。真剣な議論をしないとだめだということです。少なくとも我々は冷戦時代にこのような議論を同盟国たちとやってきました。そして現在もこれと同じことを実践すべきなのです。

アメリカの無責任な人々は、「我々は何があっても同盟国と一緒に戦います」と言う。ところが実際の我々の行動を見れば、それは真実ではないことは明白です。もし約束が空虚なものであったと証明されてしまえば、最もがっかりすることになるのは最前線にいる人たち、つまり同盟国である日本や韓国の人々でしょう。だからこそリアルな議論をするべきです。

繰り返しになりますが、これは米国における最高位の政治的決断になることを忘れてはいけません。国家安全保障会議や国防総省の誰かが決めるのではなく、大統領が決める話なのです。

日本は主体的な防衛力を持て

第二次世界大戦以降のアメリカの取り決めは、日本を作戦の拠点とし、自衛隊は日本列島の自衛に専念するというものでした。しかし、そのような形ではもう十分ではありません。今後の防衛のモデルには、自国の防衛を主体的かつ積極的に遂行でき、アメリカと対等に活動できる日本が必要なのです。つまり単に兵站や基地を提供するだけではなく、「統合された軍事力を持った日本」でなければなりません。それが私のビジョンです。

つまり、米軍と自衛隊を統合された勢力にして行きたいということです。これは日本政府側にも共有されており、すでにその方向に向かっていると思います。

日本の運命は、人民解放軍が日本の海岸に到着する頃には、本質的に終わっているはずです。つまり、アメリカ海軍が東京湾に到着する前に、もう決着はついてしまっているわけです。だからこそ、日本国内での活動においては、兵站などは日本の自衛隊が主導的な役割を果たし、戦闘活動も行うべきです。

このような事態が想定できるからこそ、私は自分の考えを日本のメディアや日本の政府関係者、専門家たちに繰り返し語ってきました。日本は国防への心構えをシフトさせることがまさに必要であり、これはロシアの脅威に直面しているドイツ以上に必要とされていると考えています。

冷戦時代、西ドイツは非常に大規模な軍隊を保有していました。アメリカと比較すれば小さかったものの、陸軍の規模は大きく、国防費も巨額で、海軍もあり、それによって国を守っていました。

もちろん、日本が当時の西ドイツのようになるべきだとは思いません。これはあくまでもひとつのモデルだからです。それでも日本は米国とほぼ同等の役割を果たし、全プロセスにおいて日米の防衛部門が完全に統合されることが望ましいでしょう。それは、技術開発や弾薬の生産などを共同で行うことなども含まれてきます。

セキュリティ・クリアランスの導入を急げ

ここでひとつ懸念があります。日本がＡＵＫＵＳ（米英豪の安全保障）の二列目のグループとして参加することに懐疑的な意見が多いことです。これは機密情報を保護する日本のシステム能力に対する懸念が残っているからです。つまり、日本は機微な情報を保護できるようにする必要があるということです。中国だけでなく、ロシア、北朝鮮も日本の情報を狙っています。したがって、全体的には日本政府や社会がより大きな意識改革をしなければならないことであると感じています。

アメリカには「セキュリティ・クリアランス」という資格制度があります。政府や安全保障の分野で働く人々のうち、一定程度の機密に触れるポジションにつくために要求される資格です。この制度によって、適格かどうかバックグラウンドをチェックすることができます。そしてその人物が仮想敵国のスパイなどからの脅迫や脅しに弱い立場にあるのかもチェックできます。

日本でも本格的なセキュリティ・クリアランス制度の導入に向けた動きがあると聞きますが、アメリカには少なくとも数万人規模でクリアランスの資格を持っている人間が存在します。しかも、政府や軍だけではなく、コントラクター（請負業者）や企業の人間にもいます。

いずれにしても、日本は心構え、マインドセットを変える必要があります。第二次世界大戦を受けての正しい選択は「平和主義」ではないはずです。正しいのは集団防衛なのです。我々が学んだのは、潜在的な侵略者たちがいざ行動を起こす前に、それを抑止するために集団防衛の体制を持っておかなければならない、ということです。

サイバー・セキュリティの甘さ

情報セキュリティと密接に絡《から》んでくるのがサイバー・セキュリティです。なぜなら、ほぼすべてのものが今やネットにつながっているからです。あらゆる軍事作戦もサイバー空間とつながった状態で行われています。特に、将来的に台湾や日本をめぐる戦いに関係してくる軍事作戦はそうです。宇宙空間、サイバー空間そのもの、長距離ミサイル、防空システムのターゲティング、潜水艦の通信などは、安全性を確保するために高度にコンピューター化される必要があります。

中国はこの分野で非常に積極的です。私は日本のサイバー空間にも中国は入り込んでいると考えています。アメリカなどはまさにその通りで、例えばクリストファー・レイというＦＢＩの長官が、今年の初めに証言していますが、中国はすでにアメリカのサイバー空間のあちらこちらに侵入しています。マイクロソフト社に侵入した事案はニュースにもなりました。

サイバーとは、WhatsApp（英語圏のＬＩＮＥに相当）のメッセージのやり取りだけのことではありません。まさにすべての分野です。もし中国が我々のサイバー作戦を妨害することができれば、人工衛星と通信することができなくなるかもしれません。現地にいる部隊とも連絡がとれなくなります。ターゲティングもできなくなります。アメリカはたしかに世界中にミサイルを発射できるかもしれませんが、そもそも通信ができなくなれば発射することもできません。

国防産業も多国籍化すべき

とりわけアメリカの現状で気になるのは、装備品の調達能力です。先にも述べたように、中国は米国の２００倍以上の造船能力を持っています。そして、世界の鉄鋼生産量の大部分を占めています。米国が世界最大の産業国家であった冷戦時代のイメージを前提に戦略を考えるような余裕はもうないのです。

したがって、我々は生産力の規模を拡大する必要があります。というのも、ウクライナの防空ミサイルの需要は、今年だけでアメリカ全体のそれよりも大きいのです。ですから、我々はその規模でミサイルなどを生産できるようにする必要があります。

私が強調したいのは、アメリカがすべての調達を自国だけでまかなうことは期待できないということです。

その理由は2つあります。ひとつは規模の問題です。すべての需要をアメリカに集中させたら、システムが目詰まりしてしまいます。特に米国は非常に悲劇的な脱工業化を経験したことが痛手となっています。2つ目の理由は、日本やドイツのような国々が、その資金を国内経済に循環させなければ高い国防費を維持できるとは思えないからです。それが三菱であれトヨタであれ、あるいは新しい企業などであれ、日本の国内生産と統合し、規模を拡大する必要があるのは、アメリカがこれまで国内生産を諦めてきた点が大きいでしょう。

現時点では、米海軍と艦船の生産は非常に悪い状態にあり、しかも要求されている製造時間は非常に短いので、古いルールのいくつかを破棄することを真剣に検討する必要があると思います。デル・トロ米海軍長官もこの可能性について言及しているほどです。

個人的な考えとしては、例えば日本や韓国の造船所を利用して、メンテナンスや造船などの手助けをするのがよいと考えます。今からアメリカが再工業化しようとしても、十分なスピードで成し遂げることはできないでしょう。中国との競争に勝つために必要な規模はあまりにも大きい。そのため、これは一国だけで対処できるものではなく、文字通りの「多国籍」のプロジェクトを必要とするはずです。したがって、国防産業そのものの多国籍化が必要とされるのです。

同盟全体での再工業化をはかる

しかし私は同時に、巨大な軍産複合体を持つアメリカ政府がそれを感情的に歓迎しないであろうこともわかっています。一方で、既存の国防企業であるボーイングやロッキード、そしてレイセオンのような企業だけに利益をもたらすようなものであれば、日本国民からの支持も低いでしょう。

そこで私たちが行うべき理にかなったこととは、全体的な再工業化計画を提案することです。つまり、海軍の増強に必要な造船業を国内に回帰させるなど、海外に逃げていた製造業をもう一度国内に復活させて産業基盤を強化するのです。これはトランプ大統領がリーダーとして積極的に取り組んできました。ただ、この点はバイデン大統領も公言していることですから、いわば超党派的なものであると言えそうです。

産業基盤全体が大きくなれば、それだけ国防産業も大きくなります。たとえば、1937年のアメリカ経済はまったく軍国主義化されていませんでしたが、5年後にはフォード社の工場がB17や戦車、艦船などを戦地へ送り出していたのです。したがって、全体的な再工業化は結果的にアメリカ国民と連邦議員の大多数からの支持を獲得できると思います。なぜなら、それはさまざまな選挙区の人々に製造業復興の意味でアピールできるからです。

もちろん再工業化は「一日にして成らず」であることも認識しています。そのため、その隙間《すきま》を埋めるために、日本や韓国の造船所などにも注目しているのです。

そうしたなか、私の見解では、**日本の防衛費をＧＤＰ比３％にすることが望ましい**と思っています。そうすれば自国の造船所からの調達も増えるでしょう。つまり、パイ全体の拡大です。また、中国とのいわゆる「デカップリング」を考えると、中国への工業生産への依存度が高いことは望ましくない。政府の主導で国内生産を再開する必要があります。

私はリバタリアンのように「自由市場こそが繁栄をもたらす」というイデオロギーを持っているわけではありません。むしろ日本のように政府主導の経済で発展してきた国もあるし、韓国も、そして初期のアメリカだって、政府主導の「産業政策（インダストリアル・ポリシー）」を持っていたわけですから。

共和党を含めたより一般的な立場は、少なくとも前世代においては、伝統的にいまの民主党的な立場だったと思います。つまり「大きな政府」を志向し、国内の産業を自由競争ではなく政府主導で育成していこうという考え方です。しかし、国家の関与が経済を支え、あるいは経済を方向づけるという考え方は、次第に一般的になってきています。特に中国がそうであることは明らかです。だからいまだに「小さな政府」や自由市場を標榜している我々は、片手をしばられたハンデを背負ったような状態で積極的な産業政策を行っている中国と競争するわけにはいきません。

ミルトン・フリードマン的な新自由主義政策、つまり「小さな政府」で産業政策の放棄を全面的に採用したのは、冷戦が終了した1991年以降のことですが、私はこれが間違いだったと思います。新自由主義を主導してきた共和党は「大きな政府」という概念を30年間にわたって憎み、毛嫌いしています。

ところがレーガン大統領だってヨーロッパに関税を課しましたし、日本に対するプラザ合意もそうでした。実際は「小さな政府」ではなく、政府主導の、いわば「大きな政府」的な産業政策を実施した経験があるのです。

再工業化に話を戻しましょう。アメリカが再び産業化するためには何か大きなショックが必要かといえば、残念ながら答えは「イエス」となるでしょう。2023年2月、米国本土の上空に中国の偵察気球と思われる物体が飛んできた事件がありました。ところがあれは1957年に米国を震撼《しんかん》させた「スプートニク・ショック」ほどのインパクトはありません。もっと衝撃的なショックが必要なのです。

拒否戦略に対する批判への反論

さて、私がこれまで提唱してきた「拒否戦略」ですが、これに対する批判はもちろんあります。ただしそれに対して最も良い批判をしていると感じるのは、「もっと厳しく行け！」というタカ派の方ではなく、むしろハト派というか、そもそもあまりにもパワフルな中国に対して、本当に拒否が可能なのかを疑う立場からのものです。たとえばよく私が受ける批評は「トレードオフを過大評価している」というものや、「そんな二元論である必要はない」、「私たちは同時に二正面作戦をする能力がある」というものです。このような議論をする代表的な人物が、現在のバイデン政権で安全保障担当補佐官を務めるジェイク・サリバンですが、端的にいえば、彼は「予算を増やせばよい」といっており、そうすることによってウクライナも中国も両方対処できるというのです。

ところが果たしてそのようなことが本当に可能なのでしょうか？ バイデン政権は

フーシ派に爆撃を行いましたが、ろくな結果を出せていませんし、ウクライナへの支援もチグハグです。つまり優先順位をしっかりと決めないまま、状況に流される形で対処しているだけです。

以前は海軍大学にいて、今はブラウン大学のワトソン研究所中国センターにいるライル・ゴールドスタインや、歴史家のニーアル・ファーガソンのような人物たちは、「中国を受け入れる必要が生じる可能性がある」と論じています。これは中国の台頭を受け入れよと聞こえますが、我々が戦略の優先順位を本気で決められないのであれば、彼らの意見の方が一理あるということにもなりかねません。我々は中国に対する拒否戦略を行うと決断し、対中戦略を優先的に行わなければならないのです。中国はそれほど強力なわけですから。

防衛費2％は焼け石に水

ここで思い出すべきは、最近までインド太平洋軍司令官だったアクイリーノ海軍大将の言葉です。彼は退役する直前に「中国は過去3年間でミサイルの在庫数を倍増させた」と発言しています。中国は以前からすでに世界最大かつ最も洗練されたミサイルを持っていましたが、その能力をここ3年で倍増させました。いかに中国がインパクトのある能力を持つようになったのかが窺い知れます。この事実は、中国がミサイルをもって何をしようとしているのかを示唆しているわけです。我々は大きな問題に直面していると言えるでしょう。

退役直前にアクイリーノ大将は、この3年間で得た立場を使って、このような危機的な状態にあることを、アメリカだけでなく世界に対してもっとうまく説明すべきだったと思います。引退直前になってようやくテレビに出てきて主張したところで遅すぎます。彼は失敗したと思います。もちろん何も言わないよりは言ったことに意味はあるでしょう。私は彼とこの問題について直接何度か話したことがあります。ところが彼はわれわれのような「中国に集中せよ」と公共の場で論じている論者たちに対して支援してくれたわけではありません。もちろん彼に個人的な恨みがあるわけではないですし、国防総省では彼とうまく仕事ができたと考えています。それでも彼はチャンスを思ったほどうまく使えなかった。だからこそ引退直前に花火を打ち上げたような形になったのかもしれません。

ともあれ、この事実が日本に突きつけていることは重大です。

日本の岸田首相は「2027年までに防衛費をGDPの2%にする」と言っていますが、この言葉がジョークにしか受け取られないほど、中国のミサイル備蓄量は大量になっているのです。客観的な目で見ても、これは明らかです。たとえばラーム・エマニュエル駐日大使などは岸田政権のこの軍拡への動きを称賛していますが、実際の中国の動きを見ると「焼け石に水」となります。

日本は何のために防衛費を増強しなければならないのでしょうか？　アメリカや私を説得するためではありません。日本が説得すべき相手は中国です。それなのに、たったこれだけしか軍備の増強をせずに、中国に「日本に手出しをするな」と説得できるとは私には思えません。

エルブリッジ・A・コルビー（Elbridge A. Colby）

非営利シンクタンクのマラソン・イニシアチブ共同設立者・代表。ハーバード大学卒業。イェール大学法科大学院修了（JD）。イラクの連合暫定施政当局、国家情報長官室を含め、核戦力、軍備管理、情報分野を中心に米国政府の重要ポストを歴任。2017〜2018年に、米国防総省国防次官補代理（戦略・戦力開発担当）を務め、2018年に公表された「国家防衛戦略」の策定では主導的な役割を果たした。また、米国のシンクタンクである海軍分析センター（CNA）や新アメリカ安全保障センター（CNAS）で上級研究員を務め、CNASでは2018〜2019年まで防衛プログラム部長として防衛問題の調査研究で指導的立場にあった。

奥山真司（おくやま まさし）

1972年生まれ。カナダのブリティッシュコロンビア大学卒業。英レディング大学大学院で戦略論の第一人者、コリン・グレイに師事、博士課程を修了。戦略学博士（Ph.D）。国際地政学研究所上席研究員。多摩大学大学院客員教授。著書に『サクッとわかるビジネス教養　地政学』（監修）、『世界最強の地政学』など。訳書に『中国4.0』（エドワード・ルトワック著）、『大国政治の悲劇』（ジョン・J・ミアシャイマー著）など多数。

文春新書

1468

アジア・ファースト
新《しん》・アメリカの軍事戦略《ぐんじせんりやく》

2024年10月20日　第1刷発行

著　者　エルブリッジ・A・コルビー
訳　者　奥　山　真　司
発行者　大　松　芳　男
発行所　株式会社　文　藝　春　秋

〒102-8008　東京都千代田区紀尾井町3-23
電話（03）3265-1211（代表）

印刷所　理　想　社
付物印刷　大　日　本　印　刷
製本所　大　口　製　本

定価はカバーに表示してあります。
万一、落丁・乱丁の場合は小社製作部宛お送り下さい。
送料小社負担でお取替え致します。

ISBN978-4-16-661468-4

◆世界の国と歴史

完全版 ローマ人への質問　塩野七生
歴史とはなにか　岡田英弘
常識の世界地図　21世紀研究会編
食の世界地図　21世紀研究会編
新・民族の世界地図　21世紀研究会編
カラー新版 地名の世界地図　21世紀研究会編
カラー新版 人名の世界地図　21世紀研究会編
フランス7つの謎　小田中直樹
一杯の紅茶の世界史　磯淵 猛
新約聖書Ⅰ　新共同訳 佐藤 優解説
新約聖書Ⅱ　新共同訳 佐藤 優解説
佐藤優の集中講義 民族問題　佐藤 優
池上彰の宗教がわかれば世界が見える　池上 彰
新・戦争論　池上 彰 佐藤 優
大世界史　池上 彰 佐藤 優
新・リーダー論　池上 彰 佐藤 優
グローバルサウスの逆襲　池上 彰 佐藤 優
独裁者プーチン　名越健郎
韓国併合への道 完全版　呉 善花
侮日論　呉 善花
韓国「反日民族主義」の奈落　呉 善花
イスラーム国の衝撃　池内 恵
グローバリズムが世界を滅ぼす　エマニュエル・トッド ハジュン・チャン 柴山桂太・中野剛志・藤井聡・堀茂樹
「ドイツ帝国」が世界を破滅させる　エマニュエル・トッド 堀 茂樹訳
シャルリとは誰か？　エマニュエル・トッド 堀 茂樹訳
問題は英国ではない、EUなのだ　エマニュエル・トッド 堀 茂樹訳
老人支配国家 日本の危機　エマニュエル・トッド
第三次世界大戦はもう始まっている　エマニュエル・トッド 大野 舞訳
トッド人類史入門 西洋の没落　エマニュエル・トッド 片山杜秀・佐藤 優
中国4・0　エドワード・ルトワック 奥山真司訳
戦争にチャンスを与えよ　エドワード・ルトワック 奥山真司訳
日本4・0　エドワード・ルトワック 奥山真司訳
ラストエンペラー習近平　エドワード・ルトワック 奥山真司訳
世界最強の地政学　奥山真司
リーダーシップは歴史に学べ　山内昌之
地経学とは何か　船橋洋一
地政学時代のリテラシー　船橋洋一
大学入試問題で読み解く「超」世界史・日本史　片山杜秀
ベートーヴェンを聴けば世界史がわかる　片山杜秀
戦争を始めるのは誰か　渡辺惣樹
第二次世界大戦 アメリカの敗北　渡辺惣樹
韓国を支配する「空気」の研究　牧野愛博
金正恩と金与正　牧野愛博
知立国家 イスラエル　米山伸郎
「中国」という神話　楊 海英
独裁の中国現代史　楊 海英
ジェノサイド国家中国の真実　于田ケリム 楊 海英
人に話したくなる世界史　玉木俊明
16世紀「世界史」のはじまり　玉木俊明
トランプ ロシアゲートの虚実　小川 聡 東 秀敏
世界史の新常識　文藝春秋編
ヘンリー王子とメーガン妃　亀甲博行

コロナ後の世界　ジャレド・ダイアモンド　ポール・クルーグマン　リンダ・グラットン　マックス・テグマーク　スティーブン・ピンカー　スコット・ギャロウェイ　大野和基編

コロナ後の未来　ユヴァル・ノア・ハラリ　カタリン・カリコ　ポール・ナース　リンダ・グラットン　リチャード・フロリダ　スコット・ギャロウェイ　イアン・ブレマー　大野和基編

パンデミックの文明論　ヤマザキマリ　中野信子

盗まれたエジプト文明　篠田航一

歴史を活かす力　出口治明

世界一ポップな国際ニュースの授業　藤原帰一　石田衣良

悲劇の世界遺産　井出　明

シルクロードとローマ帝国の興亡　井上文則

いまさら聞けないキリスト教のおバカ質問　橋爪大三郎

プーチンと習近平　独裁者のサイバー戦争　山田敏弘

ウクライナ戦争の200日　小泉　悠

終わらない戦争　小泉　悠

大人の学参　まるわかり世界史　津野田興一

大人の学参　まるわかり近現代史　津野田興一

ウクライナ戦争はなぜ終わらないのか　高橋杉雄編著

中国「軍事強国」への夢　劉　明福　峯村健司監訳　加藤嘉一訳

教養の人類史　水谷千秋

◆政治の世界

民主主義とは何なのか　長谷川三千子

司馬遼太郎　リーダーの条件　半藤一利・磯田道史　鴨下信一他

自滅するアメリカ帝国　伊藤　貫

新しい国へ　安倍晋三

日本に絶望している人のための政治入門　三浦瑠麗

あなたに伝えたい政治の話　三浦瑠麗

政治を選ぶ力　橋下　徹　三浦瑠麗

日本の分断　三浦瑠麗

国のために死ねるか　伊藤祐靖

田中角栄　最後のインタビュー　佐藤　修

日本よ、完全自立を　石原慎太郎

内閣調査室秘録　岸　俊光編　志垣民郎

軍事と政治　日本の選択　細谷雄一編

兵器を買わされる日本　東京新聞社会部

県警VS暴力団　藪　正孝

地方議員は必要か　NHKスペシャル取材班

知事の真贋　片山善博

政治家の覚悟　菅　義偉

小林秀雄の政治学　中野剛志

枝野ビジョン　支え合う日本　枝野幸男

検証　安倍政権　アジア・パシフィック・イニシアティブ

安倍総理のスピーチ　谷口智彦

統一教会　何が問題なのか　文藝春秋編

シン・日本共産党宣言　松竹伸幸

私は共産党員だ！　松竹伸幸

なぜ日本は原発を止められないのか？　青木美希

中国「戦狼外交」と闘う　山上信吾

池田大作と創価学会　小川寛大

在宅ひとり死のススメ　上野千鶴子
最後の人声天語　坪内祐三
なんで家族を続けるの？　内田也哉子・中野信子
百歳以前　徳岡孝夫・土井荘平
迷わない。完全版　櫻井よしこ
東大女子という生き方　秋山千佳
毒親介護　石川結貴
トカイナカに生きる　神山典士
美しい日本人　文藝春秋編
70歳からの人生相談　毒蝮三太夫
ペットロス　伊藤秀倫
ヤメ銀　秋場大輔

◆食の愉しみ

発酵食品礼讃　小泉武夫
発酵食品と戦争　小泉武夫
毒草を食べてみた　植松　黎
中国茶図鑑　工藤佳治・俞向紅・丸山洋平・写真
チーズ図鑑　文藝春秋編
食の世界地図　21世紀研究会編
一杯の紅茶の世界史　磯淵　猛
辰巳芳子 スープの手ほどき 和の部　辰巳芳子
辰巳芳子 スープの手ほどき 洋の部　辰巳芳子
新版 娘につたえる私の味 一月〜五月　辰巳浜子・辰巳芳子
新版 娘につたえる私の味 六月〜十二月　辰巳浜子・辰巳芳子
小林カツ代のお料理入門　小林カツ代
一生食べたいカツ代流レシピ　小林カツ代・本田明子
歴史の中のワイン　山本　博
農業新時代　川内イオ
農業フロンティア　川内イオ

世界珍食紀行　山田七絵編
ルポ 食が壊れる　堤　未果
80代現役医師夫婦の賢食術　家森幸男
美味しいサンマはなぜ消えたのか？　川本大吾

文藝春秋刊

1446

ワインバーグ・セオリー

科学

著

1418

戦争論の100年を考える

二著

1435

バンカ著

三

1367

新・日本論

アレックス・カー著

1438

今日から使える

西村田　著